하이젠베르크의 물리학과 철학

하이젠베르그의

물리학과 철학

저자 베르너 하이젠
역자 구승회
초판 1쇄 발행 1993년 8월 5일
2판 1쇄 발행 2011년 2월 10일
펴낸이 김용항
펴낸곳 온누리
주소 충북 청주시 수동 90-4
서울사무실 마포구 합정동 444-7
전화 02-324-4790 팩스 0505-115-6287
출판등록 1982년 12월 6일
등록번호 제아-20호

ISBN 978-89-8367-302 03810
값 20,000원

잘못된 책은 구입하신 서점에서 교환해 드립니다

하이젠베르크의

물리학과 철학

책머리에

1922년 닐스 보어는 노벨물리학상을 받았다. 같은 해 그는 독일의 괴팅엔 대학에서 자신이 발견한 '원자모델'에 관한 노벨상 수상 기념 강연을 했다. 이 강연장에 온 한 젊은 청년은 보어의 '원자모델'에 비판적 논평과 함께 매우 예리한 질문을 던졌다. 이 청년이 바로 보어의 강연을 듣기 위해 지도교수 좀머펠트와 함께 뮌헨에서 온 베르너 하이젠베르크였다. 당시 그는 뮌헨 대학에서 물리학을 배우는 21살의 대학생이었다. 이 날의 인연으로 하이젠베르크는 보어의 초대로 장시간 산책하면서 대화도 가질 수 있었고, 나중에는 그의 초청으로 코펜하겐 물리학연구소에 연구원이 된다. 하이젠베르크는 거기서 자신의 이론물리학의 인식론적 기초를 다지게 된다.

하이젠베르크는 1901년 12월 5일 뷔르츠부르크에서 태어났다. 1909년 부모와 함께 뮌헨으로 이사한 그는 1919년 뮌헨의 「막시밀리안 고등학교」를 졸업하고, 뮌헨 대학에서 물리학과 수학을 공부하였다. 1924년에는 「코펜하겐 물리학연구소」의 초청으로 1년간 닐스 보어 밑에서 연구하였다. 1926년 코펜하겐 대학의 강사를 거쳐 1927년 라이프치히 대학의 이론물리학교수로 취임했다. 그해 그의 나이는 약관 26세였다. 32세가 되던 1933년 양자역학이론을 발전시킨 공로로 노벨물리학상을 받았다. 1941년 베를린 대학의 「빌헬름 물리학연구소」 소장으로 취임하였다. 전쟁이 끝난 후 잠시 영국에 억류되어 있다가, 1946년 다시 괴팅엔으로 옮겨온 그는 「빌헬름 물리학연구소」 소장이 되었다. 1949년에는 「국립학술자문회의」 의장직을 맡았고, 1957년 「빌헬름 물리학연구소」가 다시 뮌헨으로 옮겨가자 하이젠베르크도 뮌헨으로 갔다. 1958년 막스 플랑크 탄생 100년을 기념하는 강연에서 그는 '보편공식'에 관하여 강연하였다. 75세가 되던 1976년 2월 1일 뮌헨의 자택에서 서거했다.

이 책은 베르너 하이젠베르크(Werner Heisenberg)의 물리학과 철학『Physik und Philosophie』, Frankfurt(Ullstein), 1990을 완역한 것이다. 우리에게도 익히 알려진 이 책은 원래 1958년에 영어로, 그 다음해에 독일어로 나왔다. 35년이 지난 책에 대한 서평을 쓴다는 것은 확실히 재미없는 일이다. 그리고 여기서 논의되고 있는 현대물리학의 주제들은 사실 현재의 물리학의 연구수준에서 보면 확실히 시대에 뒤진 것일지도 모른다. 그러나 〈물리학과 철학의 관계〉에 대한 미래의 어떤 논의도 이 책과 더불어 출발하지 않으면 안 된다는 이유에서 이 책은 계속해서 출판되고, 읽히고, 새로운 서평이 쓰여지고 있다.

20세기 물리학에 있어서 위대한 이론체계(「양자론」과 「상대성이론」)에 공헌한 물리학자들은 부단히 그들의 이론적 성과가 철학적 문제, 즉 어떤 인식론적 귀결을 가져오는지에 대해 문제를 제기한다. 현대원자론의 아버지라 일컬어지는 닐스 보어(Nils Bohr)의 「원자물리학과 인간 인식」을 비롯해서, 막스 플랑크, 알베르트 아인슈타인, 막스 보른 등도 「물리학과 철학」의 관계에 대한 많은 논문을 발표했다. 그런데 이 책의 저자 하이젠베르크만이 체계적으로 이 문제를 다루었고, 한 권의 책으로 만들었다. 그것이 바로 여기에 내놓는 『물리학과 철학』이다. 이 책은 짧은 서문을 제외하고, 열한 개의 단원으로 되어 있다. 그 대강을 살펴보면, 2장과 3장은 양자론의 역사를 다루고 있으며, 4장과 5장은 물질의 구조와 그 해석의 문제를, 10장과 11장에서는 현대물리학의 철학적, 윤리학적 귀결을 각각 다루고 있다. 거기서 그는 양자물리학의 철학적 배경을 논의하는 가운데 고전철학(흄과 칸트)과 고전물리학의 인과율은 상보성의 개념으로, 혹은 양자론의 확률개념으로 바뀌어질 때, 우리는 비로소 자연과 인간과 우주에 대한 보다 정확한 이해에 도달할 수 있다고 주장한다. 요약하자면, 저자는 이 책에서 세 가지 질문을 제기하고, 거기에 대한 대답을 추구한다. 첫째, 실험으로 증명된 현대물리학은 우리에게 무엇을 말해 주고 있는가? 둘째, 인간과 우주를 〈이해〉하는데 우리는 어떤 사고방식이 필요한가? 셋째, 현대 서구문명의 창조물인 이 새로운 사고방식은 그 밖의 다른 세계에 어떤 영향을 미치는가?가 그것이다. 이에 대한 대답은 독자들이 책을 읽으면서 스스로 찾을 것이다.

가능한 한 한국에서 통용되는 용어를 골라 쓰고자 노력했으나, 물리학이나 수학의 개념에 익숙하지 못한 역자로서는 적절한 용어를 찾는데 어려움이 많았다. 더러 낯선 개념이 있을지도 모른다. 본문 중 괄호 〔 〕 속에 설명된 것은 특별히 표시가 없는 경우라도 모두 번역자가 추가한 것이다. 또 「 」 표시는 수학이나 물리학의 중요한 개념이나 이론을 강조하기 위함이고, 〈 〉는 원전에 이탤릭체나 따옴표로 강조된 부분이다. 이름이나 지명은 ( ) 속에 영문표기를 해두었고, 이해에 도움이 필요한 용어나 서술은 원문을 밝혀두었다.

1990년에 나온 신판에 오자가 있어서 필요한 경우 1959년판도 참고했다. 까다로운 문구를 정확히 이해하는데 도움을 준 옆방의 친구 칼-하인츠 Karl Heinz에게 고마움의 인사를 보낸다.

—90년 여름, 독일 다름슈타트 성(城), 철학연구실에서 역자 씀.

차례

서 문

스콧트란트의 여러 대학에서는 소위 '기포드 강좌 Gifford-Vorlesung'가 해마다 열리고 있다. 이 강좌는 설립자의 유언에 따라 - 말하자면, 우리가 어떤 특정종교나 세계관에의 고착으로부터 눈을 돌리면 인간의 궁극적인 질문에 대한 관점이 주어진다는 -' 자연신학'을 대상으로 하고 있다. 이 과제는 어떤 한 학문의 구체적, 개별적 주제들을 다루는 게 아니고, 과학의 철학적 배경 혹은 세계관적인 귀결들을 다루는 것이었다. 1955/56년 겨울학기에 「생트 앤드류 대학」에서 행한 나의 기포드 강좌의 과제는 현대물리학과 철학 일반의 문제들과의 관계를 분명히 하는 것이었다. 이 책은 바로 기포드 강의의 소산이다. 미국에서 영어로 먼저 출간되었고, 독일어본으로 다시 내놓게 되었다.

이 책은 자연과학과 철학에 관심 있는 학생들을 위한 것이지, 특별히 물리학도들을 위해 쓰인 것은 아니다. 그러나 몇몇 장에서는 물리학도가 아니면 이해하기 힘든 부분도 있음을 미리 밝혀두고자 한다. 어떤 독자층을 대상으로 할 것인가를 정하는 일은 항상 어려운 문제이긴 하지만, 이 책은 중요한 문제들에 관한 한, 문외한들에게도 이해될 수 있도록 노력했다. 「양자론에 대한 코펜하겐의 해석」에 대한 반론을 다루는 부분이 아마 이 책에서 가장 어려운 부분일 것이다. 이런 어려운 문제들은 새로운 결론들을 끌어내는데 있어서 그리 중요하지 않기 때문에, 물리학을 배우지 않은 독자들은 이런 몇몇 문제들을 간과해도 좋을 것이다. 나머지 장에서도 명료함을 기하기 위해 더러 중복이 불가피했음을 미리 밝혀두고자 한다.

현대물리학의 귀결들은 지난 세기들로부터 전승된 우리의 세계를 보는 관점을 여러모로 바꾸어버렸다. 그것은 우리에게 〈사고의 전환〉을 강요하고 있으며, 그래서 또 하나의 새로운 인간계를 노정하고 있다. 이 소책자가 우리의 사고전환의 지평을 여는데 도움이 되었으면 좋겠다.

1. 우리시대에 있어서 현대물리학의 의미

오늘날 현대물리학을 이야기하면, 무엇보다도 먼저 핵무기를 떠올리게 된다. 우리는 이 무기가 오늘날 세계의 정치구조에 엄청난 영향을 미치고 있음을 너무나 잘 알고 있을 뿐만 아니라, 그것은 물리학의 영향이 과거에 비해 오늘날 인간의 전반적인 상황에 미치는 영향이 더욱 커졌음을 의미하는 것이기도 하다. 그러나 그럼에도 우리는 정치의 영역에 야기된 변화가 실제로 현대물리학의 가장 중요한 영향인가를 물어보지 않으면 안 된다. 세계가 그 정치적 구조 속에서 새로운 기술적 가능성과 조화를 이루었다면, 현대물리학의 영향으로 남아 있는 것은 무엇일까?

이 질문에 답하기 위해 각각의 도구는 스스로 정신을 지니고 있으며, 정신에 의해 도구가 창조되었다는 점을 생각해볼 필요가 있다. 왜냐하면 어떤 민족 혹은 정치집단이든 그들의 지리적 환경이나 집단의 문화적 전승과는 상관없이, 이런저런 방법으로 새로운 무기에 관심을 기울이지 않으면 안 되기 때문이다. 그래서 현대물리학의 정신은 많은 민족 집단의 사고 속에 자리 잡았으며, 다양한 방식으로 낡은 전통과 연결되게 되었다. 그러면 현대 자연과학의 한 분야와 지구상의 각양각색의 전통과의 만남은 결국 어떤 결과를 가져올까? 현대물리학이 발달한 지구상의 모든 지역에서 오랜 시간동안 자연과학을 산업과 기술에, 즉 실제적으로 적용해 보려는 관심과 노력이 있어 왔고, 이는 항상 그것의 내적-외적 조건에 대한 합리적인 분석과 관련되어 있다. 이들은 자연과학적, 기술적 사고방식에 서서히 점진적으로 적응할 수 있는 시간을 가졌기 때문에, 이들에게 새로운 이념을 논구하는 것은 상대적으로 쉽다. 그러나 그렇지 못한 나라에서는 이러한 생각은 대체로 토착문학의 종교적-철학적 세계관과 즉각적인 충돌을 일으키게 된다. 현대물리학의 새로운 귀결들은 현실, 시간, 공간 등 이들의 근본적인 생각을 새로운 사상과 논쟁하게끔 한다. 그래서 이 해후는 어쩌면 우리가 예상할 수 없는 전혀 새로운 사고의 발전을 가져올지도 모른다. 현대물리학과 전통사상과의 만남이 가능한 것은 바로 현대 자연과학의 완벽한 국제성이라는 특징 때문일 것이다. 이러한 사상의 교류는 한편으로는 과거의 유산이 세계 각 지역에서 각각 다르게 존재하고 있지만, 결국 똑같아지게 될 것이다. 이 교류의 귀결은 아울러 빠르게 전파되어 본격적인 논의가 시작될 것이다.

이런 이유로 현대물리학적 사고방식을 비과학적인 언어로 밝혀보고, 그 철학적 귀결을 탐구하며, 과거의 전통과 비교해 보려는 시도는 결코 사소한 과제가 아니라고 생각한다. 현대물리학의 문제들에 대한 토론의 장에 들어가기 위해서는 「양자론」의 발달을 역사적으로 기술하는 것이 최선의 방안이라 생각한다. 어쨌거나 양자론은 원자물리학의 한 분야이고, 원자물리학 역시 현대 자연과학의 제한된 한 영역에 불과하다. 그러나 「양자론」에서 현실적으로 가장 강력한 변화가 시작되었다고 말할 수 있지 않을까? 「양자론」이 결과적으로 수용했던 구체적인 이론체계에 원자물리학의 새로운 사상이

집중되어 왔고, 어느 정도 분명하게 되었다고 말할 수 있지 않을까?

아주 인상적이긴 하지만, 동시에 불안감을 떨쳐버릴 수 없는 현대 자연과학의 이런 측면은 핵물리학 연구에 필수 불가결한 복잡한 실험도구이다. 그러나 실험 기술에 관해 현대 핵물리학은 단지 호이겐스(Christiaan Huyghens), 볼타(Alessandro Graf Volta), 패러데이(Michael Faraday) 이래로 자연과학의 발전이 규정했던 바, 연구방법의 외적인 결과들만 서술하고 있다. 이와 유사하게 사람들로 하여금 자신감을 잃게 하는 양자론의 수학적 복잡성 역시 뉴턴(Isaac Newton)이나 가우스(Carl Friedrich Gauss) 혹은 맥스웰(James Clerk Maxwell)에 의해 시작된 방식에 대한 외적인 귀결을 서술하는 것일 뿐이라고 말할 수도 있다. 현대 양자론의 기초를 이루는 현실표상의 변화를 단순히 과거의 발전의 연속이라 부를 수 없다. 문제는 자연과학의 구조를 현실적으로 단절하는 것이다. 다음 절에서는 그래서 양자론의 역사적 발달에 대해 우선 논의하고자 한다.

2. 양자론의 역사

양자론〔양자론은 막스 플랑크(Max Planck, 1858-1947)가 1900년에 "에너지 양자 Energiequanten"를 발견하면서부터 시작된다. 1913년 보어(Nils Bohr, 1885-1962)는 이 이론을 수소원자에 적용함으로써, 그 성과를 거두었고, 그 후 일관된 이론체계는 "양자역학"을 탄생시켰다〕은 원자물리학의 핵심 내용과는 전혀 무관한, 유명한 어떤 현상과 관련되어 있다. 〔그것이 「흑체복사이론 Schwarz Korper Radiation」이다. 흑체에서 나오는 복사에너지는 연속적이 아니라, 불연속적 diskrete Werte이라는 이론. 모든 물체는 그 표면에 부딪히는 복사열의 일부는 흡수하고 나머지는 반사한다. 특히 표면에 부딪히는 모든 복사를 흡수하는 물체, 즉 흑체는 자신이 가지고 있는 열, 즉 복사열을 방출도 한다〕 어떤 물질이 가열되면 처음에는 빨간색으로 달아오르다가, 고온에서는 백열(白熱)하기 시작한다. 이때 색깔은 물체 표면의 색깔과는 큰 상관이 없다. 더욱이 흑체(黑體)를 태울 경우 색깔은 순전히 온도에 의존한다. 그래서 고온에서 흑체로부터 나온 빛은 물리적 현상을 연구하는데 적합하다. 그것은 극히 단순한 현상이기 때문에, 복사(輻射)와 열에 관한 유명한 법칙에 근거해서 간단히 설명되어야 한다. 19세기 말레이리(John William Rayleigh)와 진스(Sir James Jeans)에 의해 시도되었던 이러한 설명은 당시로서는 정말 어려움이 많았고, 이 난점을 간단한 개념으로 서술하는 것은 불가능했다. 당시에 알려진 자연법칙의 적절한 적용으로는 의미 있는 귀결을 끌어내지 못한다는 사실이 충분히 확증되어야 한다.

1895년에 막스 플랑크가 이 연구 분야에 간여해서, 복사선의 문제를 복사원자로 옮겨 놓고자 시도했다. 이 전이를 통해서도 문제점이 완전히 해소되지는 않았지만, 경험적 사실의 해석으로 이 난점은 어느 정도 간단해졌다. 1900년 여름에 베를린의 컬바움(Curlbaum)과 루벤스(Rubens)는 열복사(熱輻射) 스펙트럼의 매우 정확한 계측을 시도했다. 플랑크는 이 소식을 듣고, 열과 빛의 관계를 분명하게 보여주는 자신의 일반적인 연구에 따라 아주 간단한 수학 공식으로 이를 설명해 보고자 시도했다. 어느 날 플랑크와 루벤스는 플랑크의 집에서 차를 마시고자 만났는데, 루벤스의 새로운 연구결과를 플랑크의 공식과 비교했다. 비교 결과 둘은 놀랍게도 일치했다. 이로써 플랑크의 열복사가 발견되었다.

이 발견은 플랑크에게는 최초의 독창적인 이론적 연구라고 일컬어져 왔다. 그러면 새로운 공식의 구체적 물리적인 해석은 어떤 것인가? 플랑크가 그전의 연구로부터 복사입자[혹은 소위 진동자]에 관해 쉽게 하나의 서술로 번역할 수 있었기 때문에, 진동자는 그 자체의 에너지를 부단히 변화시키지 않고, 단지 단일한 에너지양자만 받아들일 수 있으며, 특수한 상태에서만 혹은 물리학자들이 말하듯이 불연속한 에너지 준위에서만 존재한다는 공식을 발견할 수 있었다. 이 결과는 플랑크 자신도 처음에는 믿으려 하지 않았던, 고전물리학적 지식과는 전혀 다른 것이었다. 1900년 가을 얼마동안의 정열적인 연구가 있은 후에, 그는 결국 이 결과 이외에 어떤 다른 가능성도 없다는 확신을 가지게 되었다. 플랑크의 아들이 후에 술회하듯이 그는 아들과 숲길을 산책하면서 아들에게 자신의 새로운 생각을 설명했다고 한다. 산책하는 동안 그는 아들과 논쟁을 벌였는데, 막스는 그때 자신의 새로운 생각이 뉴턴의 발견에 버금가는 위대한 발견이거나, 아니면 완벽한 하나의 허구이거나 둘 중의 하나라는 생각을 품고 있었던 것 같다고 그의 아들은 술회한다. 그는 이 시기에 이미 자신의 공식이 자연설명의 기초를 완전히 뒤흔들어 놓을 것이라는 점 그리고 이 근본원칙이 어느 날 흔들리기 시작했고, 고전물리학으로부터 물려받은 일정한 지위에서 하나의 새로운, 당시로서는 전혀 알려지지 않은 균형상태로 바뀔지도 모른다는 점을 분명히 해야만 했다. 매우 보수적인 세계관을 가지고 있었던 플랑크는 이 결과에 대해 결코 만족해하지 않았지만, 그해 1900년 12월에 「양자가설」을 공표했다.

에너지는 〈불연속한 에너지양자〉의 형태로 방출, 흡수될 수 있다고 하는 생각은 과거의 물리학의 영역에 접목될 수 없는 그야말로 새로운 것이었다. 자신의 새로운 가설을 과거의 복사설과 조화시켜 보려는 플랑크의 시도는 근본적인 문제에 직면하여 실패했다. 이 가설이 또 하나의 새로운 방향으로 진일보하는 데는 5년이 걸렸다.

그 다음으로 물리학자들 중 혁명적인 천재로 통하는 젊은 알베르트 아인슈타인(Albert Einstein)이 등장했다. 그는 물리학의 낡은 개념을 버리는데 전혀 주저하지 않았다. 그는 플랑크의 생각을 성공적으로 적용할 수 있는 두 가지 문제를 발견했다. 그 하나는 소위 「광전효과(光電效果) photoelektronische Effekt」라는 〔아인슈타인은 이 이론으로 노벨상을 받았다〕 이른바 빛의 영향 아래서 금속으로부터의 전자의 방출효과가 그것이다. 레나드(Philipp Lenard)가 매우 조심스럽게 수행한 실험 결과, 방출된 전자 에너지는 빛의 강도와는 무관하며, 빛의 색깔, 정확히 말해 빛의 진동수 혹은 파장과 관련된다는 점을 보여주었다. 이는 그전의 복사론의 기초를 의미하는 것일 수 없다. 아인슈타인은 플랑크의 가설을 수용, 해석함으로써 자신의 관찰을 설명할 수 있었다. 빛은 에너지 양자로 〔다시 말해, 아주 작은 극미립자처럼 공간 속을 운동하는〕 구성되어 있다. 양자 하나하나의 에너지는 「플랑크가설」과 일치하여 빛의 주파수와 「플랑크상수」로부터 산출되는 것과 동일해야 한다.

또 하나는 고체의 비열(比熱)에 관한 문제이다. 통상의 이론은 고온실험에서는 아주 잘 일치하나, 초저온에서는 실험치보다 매우 높게 나타나는 이 비열에 대해 값을 부여했다. 아인슈타인은 플랑크의 「양자론」을 고체에서 원자의 탄성진동에 적용함으로써 고체의 반응을 이해할 수 있다는 사실을 밝혀냈다. 위의 두 가지 결과는 매우 진보를 의미하는데, 왜냐하면 이들은 플랑크상수의 〔그것은 열선의 문제와는 직접적으로 아무런 연관이 없다〕 효력이 다양한 경험분야에서 나타나고 있기 때문이다. 아울러 이들 결과는 새로운 가설의 혁명적 성격을 드러내는 바, 아인슈타인의 양자론 해석은 호이겐스 이래로 주장되어온 기존의 파장가설과는 전적으로 다르게 빛을 설명하고 있기 때문이다.

빛은 맥스웰과 헤르츠(Gustav Hertz)의 연구와 실험 이래로 받아들여진 바와 같이, 하나의 전자기적인 파동운동으로 이해되거나, 혹은 고속으로 공간을 운동하는 〈빛입자〉 혹은 〈에너지군〉으로 구성되어 있는 것으로 이해되어 왔다. 그러면 빛은 빛입자일 수도 있고, 에너지군일 수도 있는가? 아인슈타인은 빛의 회절과 간섭은 〈

파동론〉의 토대 위에서만 설명될 수 있다는 사실을 모를 리 없었다. 그는 파장가설과 〈입자가설〉 간의 해소될 수 없는 모순이 있다는 사실 또한 부인할 수 없었다. 그는 이 해석의 내적 모순을 거부하는 시도를 하지 않았다. 오히려 이 모순을 먼 훗날 완전히 새로운 사고과정을 통해 이해될 수 있을지도 모르는 무엇이라고 받아들였다.

그 사이에 베크렐(Alexandre Edmond Becquerel), 큐리(Marie Curie), 라더포드(Ernest Rutherford)의 실험을 통해 보다 분명한 원자구조를 알아냈다. 1911년에 라더포드는 알파선-Strahlen을 물체에 통과시키는 실험으로 그 유명한 원자모델을 도출해냈다. 원자는 거의 전체가 양전기를 띠고 있는 원자핵과 태양 주위를 도는 혹성처럼, 원자 주변을 회전하는 전자로 구성되어 있다. 원자들 간의 다양한 요소들의 화학적 결합은 외부의 전자와 바로 옆의 원자들 간의 상호작용으로 설명되었다. 원자의 화학적 결합은 원자핵과는 직접적으로 아무런 연관이 없다. 원자핵은 자신의 전하를 통해 간접적으로 원자의 화학적 반응을 규정한다. 왜냐하면, 전하는 중성 원자 속에서 전자의 수에 따라 결정되기 때문이다. 어쨌든 이 모델은 원자의 본질적인 특성을 〔다시 말해 원자의 엄청난 안정성을〕 설명하기에는 부족했다. 뉴턴의 역학법칙에 따르면, 어떤 혹성계도 일단 한 번 다른 혹성계와 충돌하고 나면, 최초의 별들의 위치로 돌아갈 수 없는 걸로 되어 있지만, 예를 들어 탄소원자는 변화하지 않고 탄성원자로 있고, 다른 원자와 충돌하거나, 혹은 화학적 결합 이후에도 상호작용하고 있었다.

1913년에 닐스 보어(Nils Bohr)는 플랑크의 양자가설을 라더포드의 원자모델에 적용함으로써 이 불가해한 〔원자의〕 안정성을 설명해냈다. 원자가 자신의 에너지를 불연속적인 에너지 총량을 자유

자재로 바꿀 수 있다면, 원자는 불연속적인 안정상태로 존재함을 의미하는 것일 것이다. 그래서 원자는 일정한 상호작용이 있은 후 결국에는 부단히 〈정상상태〉로 되돌아간다.

보어는 양자론을 원자모델에 적용함으로써 원자의 안정성에 대해서는 물론이고, 경우에 따라서는 방전이나 열운동에 의해 자극을 받았을 때, 원자로부터 나오는 선스펙트럼의 이론적인 의미에 대해서도 설명할 수 있었다. 보어의 이론은 전자의 운동에 대한 고전역학의 양자조건〔다른 상태에 비해, 불연속적인 안정상태를 구분해내기 위해 고전적 운동법칙에 첨가되었던〕과의 결합에 근거하고 있다. 이 조건에 대한 아주 세밀한 수학적 공식화는 나중에 좀머펠트(Konigsberg Sommerfeld)에 의해 이룩되었다. 보어는 이 양자조건은 어떤 의미에서는 뉴턴역학의 견고성을 무너뜨렸다는 사실을 명백히 했다. 수소원자처럼 간단한 경우, 보어의 이론으로부터 우리는 방출된 빛의 진동수를 계산해낼 수 있고, 관찰된 바와 완전히 일치함을 알 수 있다. 어쨌든 이 진동수는 전자궤도를 도는 전자의 운동진동수 및 과도진동과는 달랐다는 사실로부터 보어의 이론은 여전히 모순으로 가득 차 있음을 보여주었다. 그럼에도 불구하고 이 이론은 명백히 하나의 진리를 내포하고 있다. 보어의 이론은 원자의 화학적 반응과 원자의 선스펙트럼을 정성적(定性的) qualitativ으로 설명했다. 안정상태의 존재는 후에 프랑크(Adolf Frank)와 헤르츠 그리고 슈테른(Otto Stern), 게를라흐(Walter Gerlach)가 행한 각각의 실험에서 증명되었다.

보어의 이론은 이로써 하나의 새로운 연구 분야를 개척했다. 수십년간의 「분광학」연구를 통해 축적된 많은 실험적 경험 자료는 이제 전자의 운동에 있어서 〈양자법칙〉을 규명하는 정보로 활용되고 있고, 화학자들의 경험 역시 동일한 목적에 활용되었다.

이러한 경험 자료와 더불어 운동에 있어서 물리학자들은 점차 올바른 질문을 던질 수 있게 되었다. 올바른 문제제기는 실로 문제해결의 지름길이므로. 그러면 질문이란 도대체 무엇인가? 실제로 거의 모든 다양한 실험 귀결들 간의 뚜렷한 모순과 관련되어 있었다. 간섭무늬가 나타나고 〈파동론〉의 기초가 되는 존재를 증명하는 동일한 광선이 동시에 광전효과를 나타내며, 운동하는 빛입자로 구성되어 있다는 것이 어떻게 가능한가? 원자 내에서 전자의 〈궤도운동(軌道運動)〉의 주파수가 방출된 복사의 주파수로 나타나지 않는다는 것이 어떻게 가능한가? 궤도운동이란 없다는 의미인가? 만약 궤도운동이라는 가설이 적절치 못한 것이라면, 원자 내부에서 전자는 움직이지 않는단 말인가? 그러나 안개상자를 〔윌슨이 발명한〕 통해 운동하고 있는 전자를 우리는 볼 수 있지 않은가? 어떤 전자는 이미 원자의 구성요소이고, 이 안개상자 속에서 원자에 부딪혀 나온다. 왜 전자는 원자 내부에서 운동하지 않는가? 원자의 정상상태에 있는 전자는 그냥 정지해 있다고 상상해볼 수 있지 않을까? 그러나 원자는 더 높은 에너지상태를 갖는 준위(準位)들이 있고, 거기서 전자껍질은 각운동량(角運動量)을 갖고 있기 때문에 전자는 거기서 절대로 가만히 있을 수 없다. 우리는 무수히 많은 유사한 예를 나열할 수 있다. 사람들은 원자모델에 관해 통상의 물리학 개념으로 서술하려는 부단한 노력이 결국 모순으로 이끈다는 사실은 발견해냈다. 20세기 초반에 와서야 물리학자들은 점차 그 어려움을 실감하기 시작했다. 그러나 이들은 확실히 문제가 발생하고, 그로부터 배움으로써, 어떻게 이를 피할 수 있을까에 대해 어렴풋한 느낌을 갖기 시작했다. 결국 이들은 원자모델에 대한 어떤 설명이 기왕의 실험에 대해서 적절한 귀결을 끌어낼 수 있을지도 모른다는 사실을 알았다. 그러나 이 정도의 지식만으로는 양자모델에 대한 명백한 형상을 획득했다고 말하기는 어렵지만, 하여튼 양자론의 정신을 어떻게든 자기 것으로 수용하려는 데서 물리학자들의 사고의 변화를 가져왔다. 양자론에 대한 매우 구체적인 공식화가 이루어지기 전에 이미 어떻게 이런저런 실험의 결과가 나올 수 있는가에 대해 어느 정도 정확히 알고 있었다.

우리는 가끔 소위 〈사고실험〉에 관해 얘기한다. 그런 실험이 실제로 가능한가 아닌가 하는 문제와는 상관없이, 이는 어떤 문제를 비판적으로 고찰하기 위해 고안되었다. 이 사고실험 역시 최소한 원칙 내에서 수행되어야 함은 두말할 필요가 없다. 그러나 실험 테크닉은 임의로 복잡하게 해도 상관없을 것이다. 사고실험은 어떤 특정한 문제를 설명하는데 예상외로 유용함이 증명되었다. 그럴듯한 실험결과에 관해 물리학자들 간에 일치된 견해를 얻어내기는 어렵지만, 더러 실제로 수행된 것과 유사하지만, 보다 간단한 실험을 고안해내기에 충분했다. 그리고 사고실험 결과는 양자론을 설명하는데 결정적인 기여를 했다.

놀라운 결과가 그해 있었다. 이 설명과정 동안 양자론의 패러독스가 소멸되기는커녕, 반대로 점점 더 구체적이고, 설득력 있게 나타났다. 유명한 예로써 콤톤(Arthur Holly Compton)이 행한 〈방사선분산실험〉을 들 수 있다. 산란된 빛의 간섭현상에 대한 그 이전의 경험에 따라 산란은 명백히 다음과 같은 방식으로 일어난다고 분명히 주장할 수 있었다. 즉 간단한 빛의 파동은 광선 속에 있는 전자를 동시진동에 둔다. 그 다음에 진동하는 전자를 들어오는 파(波)의 주파수와 더불어 구형파를 보낸다. 콤톤은 1923년에 그러나 산란된 x-선 진동수는 입사되는 x-선의 진동수와 상이함을 발견했다.

이 진동수 변동은 하나의 빛입자를 전자와의 충돌로써 산란이 설명되어야 한다는 사실을 수용함으로써 공식화될 수 있었다. 빛입자의 에너지는 충돌하면서 변화하고, 진동수와 플랑크상수로부터 산출된 것은 빛입자 에너지와 동일해야 하기 때문에, 진동수는 스스로 변화해야 한다. 이런 해석에서 빛 파동에는 어떤 현상이 일어나는가? 간섭현상과 분산된 빛의 진동수 변동에 대한 실험은 완전히 상반되는 것처럼 보인다.

이 무렵에 많은 물리학자들은 이 외견상의 상호모순은 원자물리학의 본질적인 속성이라고 믿었다. 그래서 프랑스의 물리학자 드 브로이(de Broglie)는 1924년에 파동과 입자가설의 이원론을 물질의 기본입자, 특히 전자에까지 확대하고자 시도했다. 그는 광파가 빛입자의 운동에 대응하는 것과 동일하게, 물질파는 전자의 운동에 대응한다는 사실을 보여주었다. 여기서 "대응한다"는 말이 무엇을 의미하는지 당시에는 분명하지 않았으나, 그는 보어의 양자조건설(量子條件說)은 물질파에 대한 하나의 서술로 이해되어야 한다고 제안했다. 원자핵 주변을 도는 파동은 기하학적 이유 때문에 언제나 정지된 파장으로 있어야 한다. 다시 말해 궤도 주변은 파장의 길이의 몇 배로 있어야 한다. 이런 식으로 드 브로이의 제안은 전자역학 속에 항상 생소한 무엇으로 있던 양자조건으로부터 파동과 입자의 이원론으로 연결지어 주는 하나의 교량 역할을 했다.

보어의 이론에서는 말하자면 계산된 전자의 궤도진동수와 보내진 광선의 진동수 간의 차이는 〈전자궤도〉라는 개념의 한계를 노정했다고 볼 수 있다. 처음부터 이 개념을 의문시하는 소리가 높았다. 다른 한편 상위궤도에서는, 여기서 전자는 원자핵으로부터 보다 멀리 떨어져서 운동하는 바, 마치 우리가 안개상자 속에서 운동하는 전자를 보듯이, 그것과 마찬가지 방식으로 운동하고 있다는 사실을 인정해야만 했다. 이때 우리는 〈전자궤도〉라는 개념을 필요로 한다. 높은 역이상태에서 방출된 광선의 주파수는 이미 궤도주파수를 변경한다는 사실은 매우 만족할 만한 것이었다. 보다 정확히 말해, 궤도주파수와 이 주파수의 조화로운 과도진동을 변경한다. 보어는 자신의 최초의 연구에서 방출된 스펙트럼선의 강도는 거기에 상응하는 조화로운 과도진동의 강도와 대략 일치해야 한다고 주장했다. 이러한 소위 대응원리는 스펙트럼선(線)의 강도를 보다 근사치로 계산해내는 데 아주 유용한 것으로 증명되었다. 이로써 보어의 이론은 질적인 형상이긴 하나, 원자 내부에서 일어난 바에 대한 양적인 형상을 주지 않았다는 해석이 등장했다. 물질 반응에 있어서 새로운 방식은 최소한 그들의 입장에서는 어떤 식으로든 '파동'과 '입자' 사이의 이원론으로 다시 연결되어 있는 양자조건을 통해 질적으로 표현될 수 있었다.

양자론의 정교한 수학적 공식은 결과적으로 두 가지의 상이한 발전을 왔다. 그 하나는 보어의 대칭원리로 귀착되었다. 여기서 우리는 우선 〈전자궤도〉라는 개념을 일단 포기해야 하지만, 높은 양자수의 어떤 극한에서는 궤도 개념이 점차 근사치로 유지된다. 후자의 경우 방출된 복사는 그것의 주파수와 강도로 전자궤도의 설명을 가능케 한다. 복사는 수학자들이 전자궤도에 관한 〈푸리에(Joseph Baron de Fourier)-서술〉이라고 부르는 것과 일치한다. 그래서 역학법칙을 전자의 위치나 속도에 대한 방정식이 아니라, 〈푸리에〉의 주파수나 진폭에 대한 방정식으로 서술되어야 한다는 생각이 주어졌다. 이런 설명으로부터 출발할 경우 방출된 복사의 주파수나 강도로 측정되는 크기에 대해 수학적으로 파악 가능한 관계에 이른다는 것을 기대할 수 있었다. 이런 시도는 실제로 1925년 여름 〈행렬역학 Matrizenmechanik〉 혹은 일반적으로 양자역학이라 불리는 수학공식으로 나타났다. 뉴턴역학의 운동방정식은 수학자들이 〈행렬 Matrizen〉이라고 부르는 선형대수학의 양식과 유사한 방정식으로 보충(대체)되었다. 그것은 놀라운 결과를 가져왔는데, 뉴턴역학의 낡은 귀결들 〔예를 들어 에너지 보존과 같은〕뿐만 아니라 새로운 형식주의에 있어서도 많은 사실들을 재발견하게 되었다. 나중에 보른(Max Born), 요르단(Pascual Jordan) 그리고 디락(Paul Dirac)의 연구는 전자의 위치와 운동량을 기술하고 있는 〈행렬〉은 서로서로 교환할 수 없다는 사실을 보여주었다. 이 사실은 수학적 언어에 있어서 양자역학과 고전역학 사이의 본질적인 차이를 가장 극명하게 보여주었다.

또 다른 발전은 드 브로이의 '물질파'에 대한 해석에서 출발했다. 슈뢰딩거(Erwin Schrodinger)는 원자핵 주변에 있는 드 브로이의 정상파(定常波)를 하나의 〈파동방정식〉으로 나타내보고자 했던 바, 1926년 초 그는 수소원자의 안정상태에서의 에너지 값을 그의 파동방정식의 고유치로 연역하는데 성공했다. 아울러 그는 고전적인 운동방정식을 거기에 상응하는 파동방정식 〔그것은 추상적인 수학적 공간, 말하자면 다차원 위상공간(多次元 位相空間) 내에서이긴 하지만〕으로 바꾸어 쓸 수 있도록 일반적인 규정을 부여할 수 있었다. 나중에 슈뢰딩거는 자신의 파동역학이 낡은 양자역학 혹은 '행렬역학'의 공식과 비교해서 수학적으로 등가임을 보여주었다.

이런 방식으로 사람들은 결과적으로 두 가지 동일한 방식, 즉 매트릭스방식을 통해서이거나, 혹은 〈파동방정식〉을 통해 공식화할 수 있는 완전한 수학적 공식을 갖게 되었다. 이 수학적 체계는 수소원자의 올바른 에너지 값을 주었다. 그 후 학자들은 1년도 채 안 되어 헬륨원자 그리고 무거운 원자들의 경우처럼 매우 복잡한 문제들에 대해서도 이는 올바른 결과를 가져온다는 점을 보여주었다.

그러나 새로운 공식은 실로 어떤 의미에서 원자를 기술하는가? 파동성과 입자성이라는 이원론의 역설은 다만 이러저런 수학적 체계 속으로 사라졌을 뿐, 여전히 해결되지 않고 있다. 양자론에 대한 구체적인 이해로의 매우 흥미로운 최초의 진일보는 이미 1924년에 보어, 크라머스(Kramers) 그리고 슬레터(John Clarke Slater)에 의해 착수되었다. 이들은 파동성과 입자성 간의 눈에 보이는 모순을 「확률파」라는 개념으로 부정하고자 했다. 전자기파는 실제파(實際派)가 아니라, 확률파(確率派)라는 것이다. 가설적 파의 강도는 각각의 점에서 정해지는 바, 원자의 빛입자는 이 지점에서 흡수되고 결국 방출될 수 있는 확률로써 정해진다. 이러한 가설은 에너지 보존법칙이나 운동크기의 보존법칙은 모든 개개의 경우에 필연적으로 맞아 떨어져야 한다는 의미로서가 아니라, 통계적인 법칙이라는 귀결을 낳았다. 즉 에너지는 통계적으로만 보존된다는 의미이다. 이 결론은 그러나 아직은 타당성을 갖지 못했으며, 복사의 파동과 입자 간의 관계는 실현된것 보다 늦게 증명된다.

그러나 이들 세 사람의 연구는 양자론의 올바른 해석에 본질적인 방법을 내포하고 있었다. 확률파라는 개념과 함께 이론물리학에 있어서 전혀 새로운 개념이 도입되었다. 수학이나 통계학에 있어서 〈확률〉이라는 개념은 실제 상황에 대한 우리의 인지(지식)의 정도를 나타내는 말이다. 주사위를 던질 때 우리는 손놀림으로 원하는 특정한 숫자를 나오게 할 수 없다. 그래서 우리는 주사위를 한 번 던질 때 특정한 수가 나올 확률은 육면체 주사위일 경우 1/6이 된다고 말할 수 있다. 보어, 크라머스 그리고 슬래터의 확률파는 이렇게 간단한 확률이 아니다. 이들이 말하는 확률파란 어떤 특정한 것이 일어날 경향이라는 의미이다. 그것은 아리스토텔레스가 말한 〈잠재태〉라는 개념과 유사하게 양적 해석을 의미한다. 확률파는 가능태와 현실태의 중간쯤에 있는 일종의 기묘한 물리학적 〈현실성〉에로 이끈다.

양자론의 수학적 골격이 완성된 후에 보른은 확률파의 개념을 이해하고, 공식에 있어서 이 수학적 크기에 〔확률파동으로 해석해야만 하는〕 대한 명백한 규정을 부여했다. 그것은 탄성파나 전파와 같은 3차원파가 아니라, 다차원 위상공간에 있는 파이다. 이 파는 슈뢰딩거의 연구를 통해 알려진 바와 같이, 다소간 추상적인 수학적 크기를 나타낸다.

1926년 여름까지만 해도, 통상의 실험결과를 서술하기 위해 우리가 어떻게 수학적 공식을 이용해야 하는지가 분명하지 않았다. 사람들은 원자의 안정상태를 어떻게 서술해야 하는지는 알았지만, 예를 들면 안개상자를 통한 전자의 운동처럼 어떻게 우리가 매우 간단한 일련의 과정을 다루어야 하는지 잘 알지 못했다.

슈뢰딩거가 이해 여름 자신의 파동공식을 양자역학에로 수학적으로 동일하다는 사실을 제기했을 때, 한동안 양자개념과 〈양자비약〉〔불연속적인 양자운동〕을 완전히 포기하고, 원자내의 전자를 3차원의 물질파로 대체하고자 시도했다. 이러한 시도에서 그는 수소원자에서 〈에너지준위〉는 안정적 물질파의 고유진동수로 나타난다는 결과를 얻어냈다. 그래서 그는 이를 에너지라고 부르는 것은 오류이며, 에너지가 아니라 주파수〔파동〕라고 믿게 되었다. 그러나 이런 해석은 1926년 가을 코펜하겐에서 있었던 보어와 슈뢰딩거가 코펜하겐의 물리학자들과의 토론하는 과정에서 플랑크의 열복사에 관한 법칙을 설명하기에 충분하지 않음이 밝혀졌다.

코펜하겐에서의 이 논쟁은 양자론의 해석들과 아주 밀접한 연관을 갖는 문제들에 〔많은 물리학자들이 믿고 있듯이 모든 상황에 대한 하나의 완전하고도 만족할만한 설명〕 대한 집중적인 연구에로 이끌었다. 그러나 그것은 사람들이 쉽게 수용할 수 있는 해결책은 아니었다. 기억을 더듬어 보면 나는 그때 보어와 많은 논의를 가졌는데, 어떤 때는 늦은 밤까지 완전히 의문투성이의 결론을 남긴 채 끝나기도 했다. 우리의 토론이 이렇게 허망하게 끝나면, 나는 언제나 옆에 있는 공원을 홀로 산책하곤 했다. 그럴 때마다 자연은 원자 실험에서 보여주었던 바와 같이 정말 이토록 허무맹랑한 것일까? 라는 질문을 끊임없이 반복하곤 했다.

결정적인 해결책으로의 접근은 두 가지 행로를 따라 진행되었다. 그 하나는 질문을 바꿔보는 것이었다. 말하자면 '그 사이 밝혀진 수학적 공식으로 우리가 어떻게 주어진 실험적 상황을 설명할 수 있는가?' 라는 질문 대신에, 오로지 '이런 실험적 상황만이 양자론의 수학적 공식으로도 역시 표현될 수 있는 자연 속에서 나타날 수 있는 것은 아닐까?' 라고 바꾸어 질문해 보는 것이었다. 이것을 정당한 질문이라고 가정하면, 뉴턴 이래 고전물리학의 기초가 되었던 개념의 적용은 그 한계를 노정한다. 사람들은 뉴턴역학에 있어서와 같이 전자의 위치와 속도를 말할 수 있고, 그 크기를 관찰하고, 잴 수 있지만, 두 가지를 동시에 정확하게 규정할 수 없다. 속도와 위치의 부정확성의 제곱은 플랑크상수보다 작을 수 없다는 사실이 주어진다. 아울러 그것은 입자의 질량으로 나누어진 플랑크상수보다 작을 수 없다. 유사한 관계가 또 다른 실험적 상황에서 공식화될 수 있다. 이를 〈불확정성의 원리 Unsicherheitsrelation 혹은 Prinzip der Unbestimmtheit〉라고 부른다. 이로써 우리는 고전물리학의 개념이 지금까지 자연을 부정확하게 파악해왔음을 알게 되었다.

또 다른 길은 보어의 〈상보개념(相補槪念)〉이다. 슈뢰딩거는 원자를 하나의 체계로써, 즉 그것은 원자핵과 전자가 아니라, 원자핵과 물질파로 구성되어 있다고 설명했다. 물질파라는 생각은 의심의 여지없이 진리의 한 부분을 내포하고 있다. 보어는 동일한 실제에 대한 두 가지 상보적 설명으로써 입자와 파동이라는 두 가지 형상에 주목했다. 두 가지 설명은 각각 부분적으로만 옳다. 그것은 입자에 적용할 때와 마찬가지로 파동에 적용할 때도 한계를 갖는다. 그렇지 않을 경우 우리는 모순을 피할 수 없기 때문이다. 그러나 우리가 불확정성의 원리로부터 도출된 이 한계를 고려할 경우, 이런 모순은 사라진다. 그리하여 결국 1927년 초에 학자들은 모순 없는 양자론의 해석에 도달했는데, 이는 흔히 「코펜하겐의 해석」이라 일컬어졌다. 이 해석은 1927년 브뤼셀에서 열린 「솔베이 회의」에서 호된 시련을 겪었다. 실험은 번번이 최악의 패러독스로 귀결되었고, 모든 개별적인 것들에 대해서도 부단히, 특히 아인슈타인에 의해, 새롭게 논의되었으며, 그래서 결국 현존하는 이론의 내적 모순을 찾아내기 위해 새로운 사고실험이 고안되었다. 그러나 이론은 모순되지 않음이 증명되었고, 아울러 이론은 우리가 알고 있는 한 모든 실험에 대해서도 정당한 것으로 보였다.

코펜하겐의 해석에 대한 자세한 이야기는 다음 장에서 다루어질 주제이다. 에너지양자의 존재에 대한 플랑크의 가설로부터 양자론의 법칙에 대한 구체적인 이해로 한 발짝 나아가는데 25년 이상의 세월이 필요했다는 사실을 지적해둘 필요가 있다. 이로써 새로운 사태를 이해할 수 있기 전에 우리의 기본적인 개념적 표상 속에서 현실성의 변화가 얼마나 커야 하는가를 알 수 있다.

3. 양자론에 대한 코펜하겐의 해석

양자론에 대한 〈코펜하겐의 해석〉은 일종의 역설에서 시작된다. 모든 물리학 실험은 일상생활의 현상들에 연관되든가, 혹은 원자물리학에 연관되든지 간에 동일하게 고전물리학의 개념으로 서술되어야 한다. 우리가 시도하는 실험과 그 결과를 규정하는 개념으로 서술되어야 한다. 우리가 시도하는 실험과 그 결과를 규정하는 언어는 고전물리학의 개념이다. 우리는 양자물리학의 귀결들을 다른 언어로 대체할 수 없다. 그러나 그럼에도 불구하고 불확정성 때문에 이 개념의 적용가능성은 제한될 수밖에 없다. 그러므로 우리는 이를 적용함에 있어서 고전개념의 제한된 적용가능성을 항상 염두에 두어야 하고, 이를 개선해보려는 시도를 할 수도 없을 뿐만 아니라, 해서는 안 된다는 점을 알아야 한다. 이것이 코펜하겐의 해석의 패러독스이다. 이 패러독스를 보다 잘 이해하기 위하여, 고전물리학에 있어서, 혹은 양자론에 있어서의 실험이 어떻게 해석되는가를 비교해보는 것이 유용하다. 예를 들어 뉴턴의 천체역학에 있어서 우리는 한 혹성의 운동을 연구하고자 할 때, 그것의 위치와 속도를 규정하는 것으로부터 출발할 수 있다. 관찰을 통해 좌표에 대한 수치와 혹성의 운동량을 추론함으로써 관찰의 결과는 수학으로 번역된다. 이 좌표값과 운동량으로부터 주어진 시간에 대한 좌표값이나 나중에 일어날 어떤 천체의 또 다른 특징을 탐구하기 위하여 운동방정식을 적용하게 된다. 이런 방식으로 천문학은 예를 들어 월식의 정확한 시간을 계산해내는 등 훗날의 천체의 특징을 예언할 수 있게 된다.

양자론에 있어서 방식은 다소 다르다. 예를 들어 우리는 안개상자 속에서의 전자의 운동에 관심을 가질 수 있고, 어떤 방법을 통해 전자의 초기상태와 속도를 규정할 수 있다. 그러나 이규정은 정확할 수 없다. 그것은 언제나 「불확정성의 원리」로 인해 불가피하게 귀결되는 부정확성을 내포하고 있다. 아울러 이 규정은 확실히 실험의 까다로움으로 인해 조건 지워지는 보다 큰 부정확성을 갖고 있다. 부정확성의 첫 번째는 관찰의 결과를 양자론의 수학적 구조로 번역될 수 있는 가능성을 준다. 측정의 가능한 부정확성을 포함하여, 측정시간에 대한 실험상황을 서술하는 확률함수로 기재된다.

확률함수는 두 가지의 서로 다른 요소의 복합, 그리고 부분적으로는 사실에 대한 우리의 인지의 정도를 서술한다. 확률함수가 확률 1, 다시 말해 완벽한 확실성으로 최초상태를 설명하는 한, 그것은 사실기술이다. 전자가 관찰된 위치에서 관찰된 속도로 운동했음은 명백하다. 관찰된다는 것은 실험의 정확성 내에서 관찰되었음을 의미한다. 다른 관찰자가 어쩌면 전자의 상태를 보다 더 정확하게 알 수도 있다고 말한다면, 관찰이란 결국 우리들의 인식의 정도를 나타내는 것이다. 실험의 오류나 부정확성은 적어도 어느 정도까지는, 그 자체로써 전자의 특징이 아니라, 오히려 전자에 대한 우리의 인지의 결핍이다. 이 인식의 결함 역시 확률함수로 표현된다.

고전물리학에 있어서도 관찰의 오류는 고려되어야 한다. 그래서 하나의 결과로써 양자역학의 확률함수와 비슷한 좌표의 최초값과 속도에 대한 확률분포를 얻는다. 「불확정성의 원리」 때문에 불가피하게 나타나는 불확실성은 고전역학에서는 결여되어 있다.

양자론에 있어서 출발시점에 대한 확률함수가 관찰에 의해 규정되는 한, 우리는 이 이론의 법칙으로부터 나중의 일정한 시점에 대한 확률함수를 계산할 수 있다. 아울러 우리는 이런 방식으로의 측정이 측정될 크기에 대한 일정한 값을 준다는 사실에 대한 확률을 미리 규정할 수 있다. 예를 들어 우리는 확률에 대한 예언도 할 수 있는데, 이로써 나중의 일정한 시점에서 전자가 있게 될 안개상자의 일정한 지점을 발견할 수도 있다. 확률함수는 그 자체로서는 시간 속에서 사태의 경과를 서술하지 않는다는 사실에 주목해야 한다. 그것은 진행과정에 대한 경향, 그 가능성 혹은 이 과정에 대한 우리의 인식을 서술한다. 확률함수는 그 본질적인 조건이 충족되었을 때, 환언하면 구조의 독특한 성질을 확정하기 위해 새로운 측정이나 관찰이 이루어졌을 때만 현실과 연관을 갖는다. 그럴 때 비로소 확률함수는 새로운 측정의 있을법한 결과를 계산하도록 허용한다. 측정의 결과는 여기서 다시 고전물리학의 개념으로 주어진다.

그래서 한 실험의 이론적 해석은 세 가지 명백히 다른 절차를 필요로 한다. 1) 실험의 출발상황은 확률함수로 번역된다. 2) 구조에 대한 하나의 새로운 측정이 시도되고, 그것의 예상되는 귀결은 확률함수로 계산될 수 있다. 위의 첫 단계에서 「불확정성의 원리」의 타당성은 필연적 예정조건이고, 두 번째 단계는 고전물리학의 개념으로 기술될 수 없다. 최초 측정과 그 다음 측정 사이에 일어나는 바를 기록하는 것은 불가능하다. 세 번째 단계에서만 '가능성' 으로 있던 것이 '현실적인 것' 으로 변화될 수 있다.

우리는 이 세 단계를 간단한 사고실험으로 밝혀보고자 한다. 원자는 하나의 원자핵과 그 주위를 도는 전자로 구성되어 있음은 이미 말했다. 또 전자궤도라는 개념은 아직 문제시되고 있다는 점도 분명히 했다. 이 공식화에 반대해서 사람들은 전자궤도의 관찰이 최소한 원칙적으로는 가능해야 한다고 이의를 제기할 수 있다. 고해상도의 현미경으로 전자를 들여다보면, 전자가 궤도 위에서 운동하고 있음을 볼 수 있을지 모른다. 그러나 우리는 자연광선을 이용해서는 그토록 정밀한 현미경을 가질 수 없다. 위치측정에 있어서의 부정확성은 아무리 해상도를 가진 현미경이라 하더라도 그것이 광파의 길이보다 작아질 수 없기 때문이다. 원자의 크기보다 작은 파장을 가진 감마선을 이용한 현미경은 관찰이 가능하지만, 그런 현미경은 아직껏 만들지 못하고 있다. 사고실험은 이런 기술적인 어려움에 구애되지 않는다.

관찰 결과를 확률함수로 옮겨 적는 첫째 단계는 과연 가능한가? 그것은 관찰 이후에 불확정성의 원리가 충족되었을 때만 가능하다. 그렇게 되면 전자의 위치는 감마선의 파장으로 주어진 정확성을 가질 것이다. 전자는 관찰 이전에는 실제로 정지상태에 있다는 점을 받아들이기로 하자. 그러나 관찰 행위에서 전자에 앞서서 굴절되는 최소한 한 개의 감마선 입자가 현미경을 통해 들어가야 한다. 그리하여 전자는 빛입자와 충돌하게 되고, 결국은 전자의 운동량과 속도는 변하게 된다. 이것만으로도 우리는 변화의 부정확성은 충돌 이후의 「불확정성의 원리」의 타당성을 증명하기에 충분하다고 할 수 있다. 이 첫 번째 단계에서는 큰 어려움이 없다.

동시에 우리는 원자핵 주변의 전자궤도를 관찰하는 것이 도무지 불가능하다는 점을 쉽게 알 수 있다. 왜냐하면 '확률함수의 산술적 추적' 인 두 번째 단계는 원자핵 주변을 도는 하나의 파동꾸러미 Wellenpacketten가 아니라, 최초의 빛입자는 이미 원자로부터 나오는 전자를 두들겼기 때문에 원자핵으로부터 사라지는 파동을 보여줄 뿐이기 때문이다. 감마선의 크기가 원자보다 훨씬 작다면, 감마선의 운동량은 전자의 원래 운동량보다 훨씬 크다고 말할 수 있다. 최초의 '빛입자'〔'광량자(光量子)'로 쓰기도 한다〕만으로도 원자로부터 나오는 전자를 두들기기에 충분하다. 그래서 우리는 전자궤도의 한 지점 이상은 결코 관찰할 수 없다. 그러므로 일상적인 의미로 전자궤도 같은 것은 없다고 주장한다면, 경험적으로 모순에 빠지지 않는다.

세 번째 단계에서는 궤도 위에 있는 전자가 원자로부터 떠나는 것을 보여줄 것이다. 두 개의 연속적인 관찰 사이에서 일어나는 바를 구체적으로 기술하는 것은 일반적으로 불가능하다. 그러나 사람들은 전자는 두 관찰 사이에 어디엔가 있어야 하고, 그것이 이 길 Weg을 규정하기에 불가능한 무엇이라면, 궤도든 길이든 어떤 형태로든 기술되어야 한다는 주장을 펴 왔다. 고전물리학에 있어서는 이렇게 주장할 수 있을지 모르나, 양자론에서는 나중에 자세히 보게 되겠지만 정당화될 수 없는 언어의 오용일 뿐이다. 이러한 경고에서 중요한 것이 원자의 진행과정에 대해 어떻게 말해야 하는가라는 진술 양식의 문제인지, 아니면 원자의 진행과정 그 자체의 문제인지, 혹은 인식론이나 존재론의 문제이든지 간에 여기서는 잠시 이 문제를 보류해 두기로 하자. 원자의 입자상태에 관한 하나의 서술을 공식화함에 있어서 하여튼 우리는 극히 신중하지 않으면 안된다.

실제로 우리는 입자에 대해 말할 필요가 없다. 많은 실험이 보여주듯이 예를 들어 원자핵 주변에 있는 전자물질의 진동이라든가,

하여간 물질파에 대해 논하는 것이 유용하다. 이런 설명은 불확정성의 원리로 규정되어 있는 한계를 고려하지 않으면, 그럼에도 불구하고, 다른 서술방식과 모순 될지도 모른다. 우리는 이 한계를 통해 모순을 피할 수 있다. 예를 들어 물질파라는 개념의 사용은 원자에서 방출되는 복사가 문제일 때 유용하다. 복사는 그것의 주파수나 강도를 통해 원자 내에서 진동하는 부하분포에 대한 지식을 주고, 바로 이 점에서 파동성은 입자가설보다 한층 진리에 가깝게 나타난다. 보어는 두 가지 가설을 서로 〈상보적인 것〉으로 묘사했고, 이 두 가지 설의 사용을 권했다. 하나의 물체는 동시에 입자 〔아주 작은 크기로 제한된 존재〕이거나 하나의 파동으로 〔큰 공간에 널리 퍼져 있는 하나의 장으로서〕 있을 수 없기 때문에 두 가지 설은 언제나 상호 대립적이며, 동시에 상호 보완적이다. 하나의 가설에서 다른 하나의 가설로 넘어가 보고, 다시 돌아오고 하는 중에 우리는 원자실험의 배후에 숨어 있는 현실의 기묘한 성질에 대한 정확한 이해를 얻는다.

보어는 양자론의 해석에 있어서 〈상보성〉이라는 개념을 여러 곳에서 쓰고 있다. 한 입자의 위치에 대한 인지는 그것의 속도나 운동량의 인지와 상보적이다. '입자의 크기'를 정확히 알면, 크기에 대한 우리의 지식을 버리지 않는 한, 속도나 '운동량'을 정확히 규정할 수 없다. 그러나 우리는 원자구조의 상태를 기술하기 위해 두 가지를 동시에 알아야 한다. 원자의 진행과정에 대한 공간-시간적 서술은 그것의 인과적, 결정론적 서술에 대해 상보적이다. 확률함수는 뉴턴역학의 좌표와 유사하게 운동방정식을 충족시킨다. 시간의 경과에 따른 그 변화는 양자역학적인 방정식으로 완벽하게 규정된다. 그러나 확률함수는 원자구조에 대한 공간-시간적 설명을 허용하지 않는다. 반면에 관찰을 통해 공간-시간적 설명이 강요된다. 그러나 이러한 설명은 원자구조에 대한 우리의 인식을 변화시킴으로써, 계산을 통해 확률함수의 일정한 진행을 중단한다.

동일한 실재에 대한 두 가지 상이한 서술이 갖는 이원론은 더 이상 근본적인 난제는 아니다. 왜냐하면 우리는 이론의 수학적 공식화를 통하여 이 동일한 실재에는 어떤 모순도 있을 수 없음을 알기 때문이다. 입자설과 파동설이라는 상보적인 이원론은 수학 공식의 유연성에서 명백히 나타난다. 이 공식은 뉴턴역학과 유사하게, 즉 입자의 좌표와 속도에 대한 운동방정식과 유사하게 기재된다. 그러나 이 공식은 간단한 변형을 통해 3차원 물질파에 대한 파동방정식으로 바꿔 쓸 수 있다. 이 파동 역시 "행렬"이나 "연산자"의 성격을 가질 뿐, 단순한 장의 크기를 나타내지는 않는다. 그래서 서로 다른 상보적인 두 형상으로 풀어갈 가능성은 수학 공식의 다양한 변형에 있어서 각각의 대비물을 갖는다. 이 가능성은 양자론에 대한 코펜하겐의 해석을 난관으로 이끌지 않는다.

이 해석을 이해함에 있어서 난관은 '원자의 진행과정에서 무엇이 〈실제로〉 일어나고 있는가?' 라는 근본적인 질문을 던질 때 주어진다. 관찰의 계측과 결과는 어떤 경우에도 고전물리학의 개념으로 서술해야 한다는 사실은 이미 말한 바 있다. 관찰로부터 끄집어내는 것은 확률함수로써, 하나의 수학적 표현이다. 이는 사실에 대한 우리의 인식과 더불어 '가능성' 과 '경향' 을 하나로 묶은 진술이다. 그래서 우리는 관찰의 결과를 완벽하게 객관화할 수 없다. 하나의 관찰과 그 다음 관찰 사이에 벌어지는 일에 대해 우리는 무어라 설명할 수 없다. 이는 우리가 이론에다 우리의 주관적 요소를 집어넣었다고, 그래서 일어난 일은 우리가 사태를 어떻게 관찰하는가에 달려 있거나 혹은 최소한 우리가 그것을 관찰한다는 사실에 달려 있다고 말하고자 하는 것으로 보일 뿐이다. 여기에 이의를 제기하기 전에, 두 번의 연속적인 관찰 사이에 일어나는 바를 서술하고자 시도할 때, 왜 가장 큰 난관에 봉착하게 되는가를 정확히 설명할 필요가 있다.

다음과 같은 사고실험을 논의해 보는 것이 유용하다. 한 개의 작은 단색 광원(光源)이 두 개의 작은 구멍이 나 있는 흑막에 빛을 쏜다고 가정해보자. 흑막이 나 있는 구멍의 지름은 빛의 파장보다 그렇게 클 필요는 없고, 두 개의 구멍의 간격은 그러나 상당히 떨어져 있어야 한다. 흑막 뒤 일정한 거리에 두 구멍으로 전해오는 빛을 포착하도록 사진검판을 설치한다. 이 실험을 파동 개념으로 설명하면, 최초파는 두 개의 구멍으로 들어간다고 말하게 된다. 서로 간섭하고, 두 구멍을 출구로 삼는 두 개의 이차적인 구형파가 주어진다. 여기서 간섭은 소위 간섭띠라고 하는 진하고 연한 무늬로 사진검판에 나타날 것이다.

사진검판을 검게 물들이는 것은 양자과정에 있어서 하나의 광자(光子)를 통해 야기되는 화학적 과정이다. 그러므로 이 실험은 또한 광자가설로도 설명될 수 있어야 한다. 하나의 광자가 광원으로부터 방출되고 사진검판에 흡수되는 사이에 일어나는 바를 설명하고자 한다면, 다음과 같이 주장되어야 할 것이다. 하나의 광자는 첫째 구멍으로 들어가거나 혹은 둘째 구멍으로 들어갈 수도 있다. 첫째 구멍으로 들어가서 산란되면, 나중에 사진검판의 일정한 지점에 흡수되는 확률은 두 번째 구멍이 닫혀 있느냐, 열려 있느냐 와는 상관없다. 첫째 구멍이 열려 있기만 하면 검판 위의 확률분포는 언제나 동일해야 한다. 이 실험을 여러 번 반복하고, 광자가 첫째 구멍으로 들어가는 모든 경우를 종합하면, 사진검판의 그을림은 확률분포와 일치할 것이다. 두 번째 구멍으로 들어간 광자(光子)만 관찰하면, 검판의 그을림의 분포는 두 번째 구멍만이 열려 있다는 가정 하에 있는 그 확률분포와 일치할 것이다. 그리하여 전체 그을림은 두 경우의 그을림의 총량일 것이다. 다시 말하면 간섭띠가 없을 것이다. 그러나 우리는 이것이 오류임을 알고 있으며, 실험은 명백히 간섭 현상을 보여준다. 이로써 우리는 광자가 첫째 혹은 두 번째 구멍으로 들어가야 한다는 진술이 문제가 있으며, 모순에 귀결된다는 점을 알 수 있다. 이 예로써 확률함수는 두 번의 관찰 사이에 일어나는 바에 대해 공간-시간적 설명을 허용하지 않는다는 사실을 분명히 알 수 있다. 시간-공간적으로 설명해보고자 하는 모든 시도는 결국 모순으로 귀결될 것이다. "일어난 일"이라는 개념은 이미 관찰에만 국한되어야 함을 의미한다.

이는 관찰은 원자의 진행과정에 있어서 하나의 결정적인 역할을 하며, 우리가 관찰을 하느냐 안 하느냐에 따라 현실이 달라진다는 놀라운 결과를 보여준다. 이 점을 분명히 하기 위해 우리는 관찰과정을 보다 정확하게 분석할 필요가 있다.

무엇보다도 여기서 상기해야 할 것은 자연과학 연구에 있어서 우리는 우주를 우리 자신을 포함한 하나의 전체로서 관심 갖는 것이 아니라, 우리의 관심을 우주의 어떤 한 부분에 돌리고, 연구의 대상으로 만든다는 사실이다. 원자물리학의 대상은 통상 극히 작은 대상, 말하자면 하나의 원자입자, 혹은 이런 입자의 집합이다. 우리의 대상이 클 경우도 있지만, 여기서 그 크기가 문제는 아니다. 확실히 우리 자신을 포함한 우주의 거대한 한 부분이 "탐구대상"이 아니라는 점이 중요하다.

실험의 이론적 설명은 위에서 말한 대로 두 가지 절차에 따라 진행된다. 첫 번째 단계에서 우리는 여하튼 최초의 관찰과 연결되어 있는 실험과정을 고전물리학의 개념으로 설명해야 하고, 이 설명을 확률함수로 바꿔 적어야 한다. 그러면 이 확률함수는 양자론의 법칙을 만족시킨다. 또 시간의 경과에 따라 계속적으로 일어나는 변화는 최초 조건으로부터 연산해낼 수 있다. 이것이 두 번째 단계이다. 확률함수는 객관적 요소와 주관적 요소를 하나로 통합한다. 확률함수는 확률, 혹은 더 나은 말로 '경향'(아리스토텔레스 철학의 용어로 잠재태)에 대한 진술을 포함하고 있다. 이 진술은 관찰자의 주관과는 무관하게 철저히 객관적이다. 아울러 확률함수는 이 진술이 각각의 관찰자에 따라 상이할 수 있는 한, 원자구조에 대한 우리의 인식에 〔그것은 당연히 주관적이어야 한다〕 관한 진술을 포함하고 있다. 아주 이상적인 경우 확률함수의 주관적 요소는 객관적 요소에 비해 완전히 무시될 수 있다. 그래서 물리학자는 이를 "순수한 경우"라고 말한다.

이제 관찰의 결과가 이론을 통해 예견되어야 하는 다음 관찰에 이르면, 관찰 이전 혹은 최소의 관찰 순간에 있어서 관찰대상은 세계의 나머지 부분, 다른 말로 실험절차, 실험조건 등과 상호작용해야 한다는 사실을 분명히 할 필요가 있다. 이는 확률함수에 대한 운동방정식은 이제 구조에 대한 계측절차와의 상호작용을 일으키는 영향을 고려해야 한다는 의미이다. 왜냐하면 계측절차는 언제나 고전물리학의 개념으로 서술되어야 하기 때문에 불확정성의 새로운 요소가 당연히 수반된다. 고전물리학적으로 서술하는 것은 그러나 열역학으로부터도 알 수 있듯이, 실험장비의 미립자 구조를 포함하여 모든 불확실성을 다 포함하고 있다. 실험장비는 항상 외부세계와 연결되어 있어야 하기 때문에, 그것은 실제로 전체 세계의 미립자 구조의 불확실성을 포함하고 있다. 불확실성이란 단순히 실험을 고전물리학의 개념으로 설명한 때문이라고 할 때, 이 불확실성은 객관적이라고 말할 수 있다. 이 불확실성은 개별적으로는 관찰자에 달려 있지 아니하다. 아울러 불확실성이 우리 인간의 세계에 대한 불완전한 인식 때문이라면, 우리는 그것을 주관적이라고 부를 수도 있다.

무엇보다도 "순수한 경우"가 문제가 되었다면, 상호작용이 시작된 이후 확률함수는 '경향'이나 '가능성'이라는 객관적 요소와 불완전한 인식이라고 하는 주관적 요소를 포함하고 있다. 바로 이런 이유로 일반적으로 관찰의 결과는 확실하게 예견할 수 없다. 사람들이 예견할 수 있는 것은 관찰의 일정한 결과에 대한 확률일 뿐이다. 그리고 확률-진술은 우리가 실험을 여러 번 반복함으로써 검증될 수 있다. 확률함수는 뉴턴역학의 수학적 체계와는 달리, 일정한 과정을 설명하는 게 아니라, 최초의 관찰과정에 관해, 가능한 진행과정에 대한 하나의 전체로써 기술한다.

관찰 그 자체는 확률함수를 단속적(斷續的)으로 변화시킨다. 그것은 모든 가능한 진행과정들 중에서 실제로 착수된 것을 선택한다. 관찰을 통해 구조에 대한 우리의 인식을 단속적으로 변화시켰기 때문에, 그것의 수학적 서술 역시 단속적으로 변화한다. 그래서 우리는 소위 〈양자비약〉, 즉 〔불연속적인 양자운동〕을 이야기한다. 누군가 "자연은 비약이 없다 Natura non facit saltus"라는 옛말로 양자이론을 비판하고자 한다면, 우리는 우리들의 인식 역시 갑자기 변화할 수 있으며, 인식의 단속적인 변화라는 바로 이 사실만으로 "양자비약"이라는 개념이 정당화될 수 있다고 대답할 것이다.

'가능'에서 '실재'로의 이행은 관찰행위 중에 시작된다. 원자의 진행과정에서 일어나는 바를 기술하고자 하면, "일어난다"는 말은 항상 관찰만을 지칭할 뿐, 두 번의 관찰 사이의 상황을 의미하지는 않는다는 사실로부터 출발해야 한다. 환언하면 관찰이라는 물리적 행위를 지칭할 뿐 그 정신적 행위를 일컫는 것은 아니다. 대상의 계측장비와의 그리고 이를 통해 외부세계와 상호작용하자마자, 가능에서 실재로의 이행은 시작된다고 말할 수 있다. 이 이행은 관찰자의 정신 속에 있는 관찰결과의 기록과 무관하다. 확률함수의 단속적 변화는 아무튼 기록행위를 통해 시작된다. 왜냐하면 여기서는 확률함수의 단속적인 변화를 통해 묘사되는 기록 순간의 우리들 인식의 변화가 문제 되기 때문이다.

자 그러면 우리는 세계를, 특히 원자의 진행과정을 객관적으로 서술하는데 얼마만큼 나아갔는가? 고전물리학은 우리가 우리 자신을 말하지 않고 세계를, 적어도 세계의 한 부분만이라도 설명할 수 있다는 가설에, 혹은 환상에 근거하고 있다고 말할 수 있는가? 예로써 우리는 우리가 보았든 못 보았듯 간에 런던(London)이라는 도시가 있음을 안다. 사람들은 고전물리학은 세계의 이상화를 서술하고 있고, 우리는 우리 스스로를 관련시키지 않은 채, 세계와 세계의 부분에 대해 말한다고 할 것이다. 고전물리학의 성취는 세계에 대한 객관적 설명이라고 하는 보편적 이상으로 인도했다. 객관성이란 오랜 세월 과학적 귀결의 지고한 가치로 간주되고 있다. 양자론에 대한 코펜하겐의 해석 역시 이 이상에 부합하는가? 어느 정도는 부합한다고 말할 수도 있겠다. 양자론은 어떤 고유한 주관적 요소도 갖고 있지 않다. 양자론은 물리학자의 정신이나 인식을 원자의 진행과정으로 끌어들이지 않는다. 그러나 양자론은 세계를 대상과 외부세계로 구분함으로써 시작하고, 하여간 우리가 이 외부세계를 고전적 개념으로 기술, 설명해야 한다는 사실로부터 출발한다. 이 구분은 어쩌면 자의적이고, 역사적으로 지난 세기에 이루어진 자연과학적 방법의 직접적인 귀결이다. 고전 개념의 사용은 인간의 보편적 정신적 진보의 귀결이요, 궁극 목적이다. 그러나 우리는 이미 이런 방식으로 우리 자신을 관련시키고 있으며, 그런 의미에서 우리들의 서술이 완전히 객관적이 아니라고 말할 수 있다.

양자론에 대한 코펜하겐의 해석은 하나의 역설과 더불어 시작한다고 첫머리에 말했었다. 양자론은 우리들의 실험이 고전물리학의 개념으로 설명되어야 한다는 사실 그리고 이 개념은 자연과 정확하게 부합하지 않는다는 인식과 더불어 출발한다. 이 두 출발점 사이의 긴장관계는 양자론의 통계적 특성에 대해 책임을 져야 한다. 그래서 종종 이 고전 개념을 완전히 포기해야 된다는 제안이 나오기도 했다. 어쩌면 실험을 설명함에 있어서 개념의 급격한 변화가 통계적이지 않은, 자연에 대한 완전히 객관적인 서술로 되돌릴 수 있을지 모르겠다.

이런 제안은 오해에 기인하는 바, 고전물리학의 개념은 일상의 개념을 세련되게 한 것에 불과하고, 모든 자연과학의 전제조건인 언어의 본질적인 부분을 구성하고 있다. 자연과학의 현실은 우리가 고전 개념을 우리의 실험을 설명하는데 실제로 사용하고 있으며, 사용해야 하는 상황이다. 고전개념을 포기하면 우리는 서로를 이해하지 못한다. 양자론의 과제는 이런 기초 위에서 실험을 이론적으로 해석해 내는데 있다. '우리가 인간이 아니라 다른 종(種)이라면 무엇을 할 수 있을 텐데' 라고 말하는 것은 무의미하다. 여기서 우리는 바이츠제커(C. F. von Weizsäcker)가 말했듯이 "자연은 일찍이 인간으로 있으나, 인간은 자연과학으로 있다"는 점을 분명히 기억해야 한다. 완벽한 객관성이라는 이상과 더불어 이 구절의 첫 문장은 고전물리학을 정당화한다. 뒷 문장은 왜 우리는 양자론의 패러독스를 피할 수 없는가, 다른 말로 왜 고전개념을 적용해야 한다는 필연성으로부터 해방될 수 없는가를 말하고 있다.

여기서 원자과정에 관한 양자론의 해석 방식에 관해 몇 가지 주석이 언급되어야 할 것 같다. 우리는 세계를 연구하고자 하는 대상으로서의 세계와 나머지 세계로 〔인간은 여전히 이 세계에도 속한다〕 구분함으로써 출발하고, 이런 구분 자체가 어느 정도 자의적이라는 사실은 이미 언급한 바 있다. 예를 들어 계측장비의 한 부분 혹은 그 전체를 "대상"이라고 보면, 또 양자론의 법칙을 매우 복잡한 대상에 적용하고자 한다면, 궁극적인 결과는 아무런 차이도 없을 것이다. 이러한 변경은 주어진 실험결과에 대한 예언을 변화시키지 않을지도 모른다고 말할 수 있다. 현상에 대한 양자론의 법칙에서 「플랑크상수」는 매우 작은 것으로 보여지고, 고전법칙과 거의 동일하다는 사실이 수학적으로 추론된다. 양자론의 법칙을 이렇게 적용함으로써 양자론의 근본적인 역설을 피할 수 있다는 생각은 명백한 오류이다.

계측장비가 외부세계와 매우 가까이 접촉하고 있고, 그것과 관찰자 사이에 물리적인 상호작용이 있을 때만 계측장비이다. 세계의 미세한 운동과정의 불확실성은 최초의 해석 〔고전이론〕에서와 같이 원자구조에 대한 양자론적 서술에서도 나타난다. 계측장비가 외부세계와 단절되어 있다면, 그것은 더 이상 계측장비일 수도 없고, 고전역학의 개념으로 설명될 수도 없다.

이 문제 관해 보어는 대상과 외부세계의 구분이 자의적이지 않다고 말하는 것이 정당할지도 모른다는 주장을 했다. 원자과정에 관한 연구는 우선 자연의 독특한 현상을 이해하고, 이 현상이 일반적인 자연법칙으로부터 어떻게 도출되는가를 알고자 하는데 있다. 그래서 현실의 물질, 혹은 복사의 부분은 이론에서는 자연히 〈대상〉이 되고, 이런 관점에서 현상을 연구하기 위해 쓰는 도구와는 구별되어야 한다. 계측장비는 결국 관찰자에 의해 구성되기 때문에, 이로써 다시금 원자의 진행과정을 서술함에 있어서 하나의 주관적 요소가 강조된다. 여기서 우리가 관찰하는 바는 자연 그 자체가 아니라, 우리 방식대로 문제제기한 자연이다. 우리들의 물리학 연구는 일상언어를 통해 자연에 관해 질문을 던지고, 우리의 유일한 수단인 실험을 통해 대답을 얻고자 노력하는 것이다. 이런 의미에서 양자론을 통해 생(生)의 조화를 추구함에 있어서 우리는 삶이라는 연극의 관객이자 동시에 배우라는 사실을 결코 잊어서는 안 된다는 보어의 말을 회고하게끔 한다. 자연에 대한 과학적 탐구라는 인간의 행위는 자연의 부분들 때문에 우리가 번거로워지는 바로 거기에서 중요성을 갖는다. 복잡하기 이를 데 없는 기술적 보조수단을 통해서만 우리는 자연의 부분들 속으로 뚫고 들어갈 수 있다.

4. 양자론과 원자설의 시초

〈원자〉라는 개념은 근대 자연과학의 역사보다 훨씬 오래되었다. 고대 희랍의 자연철학에 기원을 두고 있는 이 개념은 레우키포스(Leukipp)와 그의 제자 데모크리토스(Demokrit)에 의해 주장된 당시 유물론의 중심개념이었다. 그러나 이 고대 유물론철학은 원자모델에 대한 근대의 해석과는 다른 데가 많다. 거꾸로 말해 19세기부터 수용되어온 현대의 원자물리학은 유물론적 해석으로부터 자연과학을 떼어 놓았다는 의미이기도 하다. 희랍 자연철학에 있어서 원자개념의 발달을 현대물리학의 이 개념과 비교해보는 것도 흥미있는 일일 것이다.

더 이상 쪼갤 수 없는 아주 작은 물질의 궁극적 구성분자가 있다는 생각은 희랍철학 초기의 특징을 규정하는 물질개념, 존재개념, 생성개념의 발달과 더불어 나타났다. 희랍 자연철학은 기원전 6세기 경 밀레토스학파 Milesische Schule의 창시자 탈레스(Thales)로부터 시작되었다. 아리스토텔레스(Aristoteles)는 "만물의 물질적 근원은 물"이라고 말했다. 우리에게 묘한 느낌을 주는 이 표현은 니체(Friedrich Nietzsche)가 했던 바와 같이 철학의 세 가지 근본사상을 표현하고 있다. 그것은 우선 사물의 물질적 기원에 관한 물음이고, 둘째로 이 물음이 신화나 신화적 상상력에 의하지 아니하고 합리적으로 대답되어야 한다는 요구이며, 그리고 마지막으로 세계는 하나의 통일된 근본원리로 이해할 수 있는 것이어야 한다는 생각이 그것이다. 탈레스의 이 말은 만물을 구성하는 근본요소, 혹은 실체에 대한 최초의 표현이었다. 여기서 실체라는 단어는 우리가 종종 쓰듯이 순수하게 물질적인 의미만을 갖는 것은 아니었다. 생명도 이 실체에 속해 있었다.

아리스토텔레스는 "만물은 신으로 충만해 있다"고 탈레스의 말을 한마디 더 전하고 있다. 이는 이미 만물의 물질적 기원에 대한 질문이었으며, 그는 맨 먼저 우주론적 관찰을 〔기상학적인 통찰〕 통해 자신의 관점에 도달했으리라고 쉽게 상상할 수 있다. 모든 물질 중에서 물은 가장 다양한 형상을 갖는다. 겨울에는 눈이나 얼음으로 되고 수증기나 구름으로 변하기도 한다. 강물이 삼각주를 만들 듯이 물은 땅을 변화시키고, 샘물로 솟아오르기도 한다. 물은 모든 생명의 기본적인 전제조건이다. 우리가 근본요소 혹은 근본이 되는 물질이 있다고 가정한다면, 자연히 물을 떠올리게 된다.

근본요소에 대한 생각은 탈레스의 제자로 같은 도시에 살았던 아낙시만드로스(Anaximander)에 의해 계속 발전되었다. 그는 근본요소란 물이거나 또는 다른 실체들로써, 이 세상을 가득 채우고 있는 '영원하고 끝이 없는 무엇'이라고 가르쳤다. 이 근본요소는 우리가 경험으로 아는 다양한 실체들로 변형된다. 테오프라스토스〔Theophrastos, 원래는 Tyrtamos〕는 "사물은 그것이 생기(生起)한 곳으로 소멸해야 한다. 그것이 공정함이다. 그렇지 않으면, 부정의(不正義)로 인해 시간의 규준에 따라 벌을 받게 된다"라고 아낙시만드로스의 말을 기록하고 있다. 여기서 존재와 생성의 반정립이 결정적인 역할을 한다. 불변하고 무한하며, 무차별적 존재로서의 근본요소는 생성과정을 통해 부단한 투쟁으로 이끄는 다양한 형상들을 수용한다. 생성과정은 일종의 무한한 존재의 타락으로, 투쟁 속에서의 파괴로, 또는 결국 다시 공허로의 회귀를 통해 속죄〔화해〕되는 일종의 저주〔재앙〕로 간주된다. 여기서 투쟁이란 차가운 것과 뜨거운 것, 불과 물, 축축한 것과 건조한 것의 대립이다. 어떤 것의 다른 것에 대한 일시적인 승리는 부정의이고, "시간의 규준에 따라" 속죄되어야 한다. 아낙시만드로스에 의하면, 무한에서 무한으로 이어지는 세계의 창조와 파괴의 영원한 운동이 있다.

고대철학과 오늘날의 문제를 비교해보면, 근본요소는 알려진 실체들 중의 하나, 혹은 그것과는 상이한 무엇 〔이를 지배하는 더 높은 것〕일지도 모른다는 문제는 오늘날 원자물리학의 첨단 분야에서도 역시 새로운 형태로 되풀이되고 있다고 보는 것은 흥미로운 견해이다. 오늘날 물리학자들은 모든 근본입자와 물질의 특성에서 수학적으로 연역될 수 있는 물질운동의 근본법칙을 찾고자 노력하고 있다. 이 근본이 되는 운동방정식은 우리에게 익숙한 일종의 파(派)를 〔예를 들어 프로톤파나 메손파 같은〕 지칭하는 것일 수도 있고, 혹은 기본입자의 파와는 무관한 근본적으로 다른 특성을 지닌 파를 나타내는 것일 수도 있다. 첫 번째일 경우 이것은 다른 모든 기본입자는 몇몇 종류의 "근본적인" 기본입자로 환원될 수 있음을 의미한다. 실제로 이론물리학은 지난 20여년 동안 주로 이 가능성을 추구해 왔다. 두 번째일 경우는 그러나 모든 다양한 기본입자는 에너지 혹은 물질이라 불리는 보편적 근본요소로 환원된다. 다양한 입자들 중 어떤 것도 다른 것에 비교해서 특별히 "근본적인" 기본입자라고 구분될 수 없다. 이 두 번째 견해가 바로 아낙시만드로스의 가르침과 꼭 일치한다. 나 역시 현대물리학이 이 견해를 정당하다고 보는 데 이의가 없다. 여기서 다시 희랍철학에 관해 좀더 언급할 필요가 있겠다.

아낙시만드로스의 제자일 가능성이 있는 밀레토스학파의 세 번째 철학자 아낙시메네스(Anaximenes)는 모든 것에 충만해 있는 공기를 만물의 근본으로 삼았다. 우리의 영혼이 공기인 것처럼 그것은 우리와 결합해 있고, 그래서 호흡과 공기는 이 세계를 뒤덮고 있다. 아낙시메네스는 밀레토스학파의 철학에다 공기의 농후와 희박의 과정이 근본요소의 다른 요소로의 변전의 요인이라는 생각을 덧붙였다. 수증기가 농후해져서 구름이 되는 것은 이 과정의 좋은 예이다. 수증기와 공기의 차이를 알지 못했던 것은 그 당시로서는 당연한 일이다.

에페수스(Ephesus)의 헤라클레이토스(Herklit)철학에서는 생성의 개념이 가장 중요하게 된다. 헤라클레이토스는 〈불〉을 운동하는 근본요소로 보았다. 통일된 근본원리에 대한 생각을 현상의 무한한 변화와 연결시키는 어려움은 대립되는 사물들의 부단한 투쟁을 조화라고 봄으로써, 헤라클레이토스에 와서 비로소 해소되었다. 그에 의하면 세계는 일자(一者)인 동시에 다자(多者)이다. 이는 이미 전체의 통일을 야기시키는 대립물 간의 갈등을 의미한다. 그는 "전쟁은 모든 존재의 공통된 기초이며, 투쟁 역시 화해이다. 그리고 모든 사물은 투쟁을 통해 생성하고 소멸한다는 사실을 알아야 한다"라고 말한다.

희랍철학의 시초에서부터 여기까지를 되돌아보면, 희랍철학은 처음부터 일자와 다자간의 갈등으로 설명되고 있음을 알 수 있다. 우리는 세계는 사물과 사태, 색깔과 소리의 무한한 다양성으로 구성되어 있다고 해석한다. 그러나 이를 이해하기 위해 우리는 일정한 규준(질서)을 끌어들이지 않으면 안 된다. 여기서 질서란 동일한 것을 파악한다는, 다시 말해 일종의 단위를 의미한다. 그럴 경우 여기에는 다시 제1원리가 있어야 된다는 믿음이 생겨나게 되고, 동시에 제1원리로 사물의 무한한 다양성을 설명해야 하는 어려움이 발생한다. 세계가 바로 물질로 구성되어 있기 때문에 모든 사물은 그 물질적 근원이 있다는 생각은 아주 자연스러운 출발이었다. 그러나 이 근본적인 통일이라는 생각을 끝까지 추구해봤을 때, 그것은 무한-무변하고, 공한 존재〔말하자면, 사람들이 그것을 물질적으로 생각하느냐 마느냐와는 무관하게, 무한한 다양성을 스스로 설명할 수 없는〕에 이르게 된다. 여기서 우리는 존재와 생성의 양극단에 이르게 되고, 결국은 변화 그 자체가 제1원리이며, "세계를 새롭게 하는 저 영원한 변화"라는 헤라클레이토스의 해결책에 이르게 된다. 그러나 변화 그 자체는 아무런 물질적 요인도 아니며, 그래서 변화는 그의 철학에 있어서는 불을 통해 재현된다. 근본요소로서의 불은 물질인 동시에 운동하는 힘이다.

현대물리학이 어떤 의미에서는 헤라클레이토스의 가르침에 예상외로 근접해 있음을 알 수 있다. 〈불〉이라는 말 대신에 〈에너지〉라는 단어를 써 보면, 그의 말이 현대적 해석과 일치함을 알 수 있다. 에너지는 실제로 모든 기본입자, 모든 원자들 그리고 모든 사물을 만들어내는 요소인 동시에 운동자이다. 에너지의 총량은 결코 변화하지 않으므로 그것은 실체이다. 기본입자는 실험을 통해 그 생성과정을 볼 수 있듯이, 실로 실체로부터 생성된다. 에너지는 운동, 열, 빛 그리고 전기로 변할 수 있다. 즉 에너지는 세상의 모든 변화의 원인으로 볼 수 있다. 희랍철학과 현대 자연과학의 해석을 비교하는 문제는 나중에 좀더 자세히 논의될 것이다.

희랍철학은 한동안 남부 이태리 엘레아(Elea)지방에 살았던 파르메니데스(Parmenides)의 〈일자〉개념으로 돌아간다. 형이상학에 있어서 순수 논리적 논증을 희랍철학에 소개했다는 것이 그의 중요한 공헌이라 할 수 있다. "없는 것은 알 수 없다. '무(無)' 에 대해 말하는 것은 불가능하다. 왜냐하면 생각할 수 있는 것과 '있는 것' 은 동일하기 때문이다." 그래서 존재하는 것은 오로지 '일자' 뿐이며, 생성과 소멸은 없다. 그는 텅 빈 공간의 존재를 논리적 근거로 밝혀주고 있다. 그가 생각하고 있는 바, 모든 변화는 텅 빈 공간이라는 개념을 전제하고 있기 때문에 변화란 항상 환상일 뿐이라고 보았다.

철학은 그러나 언제까지나 역설에 머무를 수는 없었다. 시칠리아의 바닷가에 살았던 엠페도클레스(Empedokles)에 와서 처음으로 일원론에서 다원론으로 넘어갔다. 하나의 근본요소로는 사물과 사태의 다양성을 설명할 수 없다는 곤란을 피하기 위해 그는 땅, 물, 공기, 불이라는 네 가지 근본요소를 택한다. 이 4대 요소는 사랑과 질투의 작용으로 섞이고 나누어진다. 사랑과 질투는 〔그는 육체적인 사랑을 생각했다〕 그래서 영원한 변화의 핵심이다. 엠페도클레스는 세계의 형성을 이렇게 그리고 있다. 맨 처음에는 파르메니데스의 철학에서와 마찬가지로 일자라고 하는 무한한 친구가 있다. 이 근본요소 안에서 네 개의 뿌리 〔4대 요소〕가 사랑으로 화합한다. 그런 다음에 사랑이 소산(消散)되면 질투가 등장하여, 4대 요소는 부분적으로 완전히 분리되고, 사랑은 완전히 세상 밖으로 밀려난다. 그러나 사랑이 다시 물질을 가져오면, 질투는 사라지고, 그렇게 해서 우리는 다시 원초의 친구로 돌아가게 된다.

엠페도클레스의 가르침에 의하면, 그 속에서 사랑과 질투가 중요한 역할을 하고 있지만, 어떤 의미로는 보다 구체적인 희랍철학에 있어서의 유물론적 관점으로의 전환을 설명하고 있다고 볼 수 있다. 4대 요소는 제1원리가 아니라, 구체적인 물질적 요소이다. 그에 의해 처음으로 사물과 사태의 무한한 다양성을 설명할 수 있는 근본적으로도 다른 몇몇 실체들의 화합과 분리라는 생각이 나타난다. 다원주의는 원칙적으로만 생각하는데 익숙한 사람들에게는 항상 불만스러운 것이었다. 그러나 엠페도클레스는 일원론의 난점을 극복하고 동시에 어떤 질서의 창출을 허용하는 '타협'이라는 지극히 이성적인 모델을 제시한다.

원자개념으로의 다음 발전은 엠페도클레스와 동시대 사람이었던 아낙사고라스(Anaxagoros)에 의해 완수되었다. 그는 기원전 5세기 전반부 약 30년을 아테네에서 살았다. 그는 화합이라는 생각을 강조하는데, 모든 변화는 화합과 분리를 통해 상이한 물질이 만들어진다고 생각했다. 그는 모든 사물을 구성하는 무한히 작은 〈씨앗〉의 무한한 다양성을 생각한다. 이 씨앗은 엠페도클레스의 4대 요소를 말하는 것이 아니라, 반대로 무수히 많은 서로 다른 씨앗이 있음을 말한다. 씨앗은 서로 섞이고 분리되면서 만물의 변화를 초래한다. 아낙사고라스의 생각은 처음으로 〈화합〉이라는 표현에 대한 기하학적 해석을 가능케 했다. 그가 엄청나게 작은 종자(種子)를 이야기하고 있기 때문에 마치 색깔이 다른 두 종류의 모래알의 화합과 같은 그런 화합을 상상할 수 있다. 종자는 그 숫자와 위치를 변화시킬 수 있다. 그는 생각하기를 모든 씨앗은 모든 생명체 속에 있지만, 다만 그 관계에 따라 〔위치와 숫자의 관계〕 한 가지 사물에서 다른 사물로 변화가 가능하다. "만물은 모든 것 속에 있다. 그러나 스스로를 완전히 분리해내는 일은 불가능하고, 만물은 모든 것의 부분을 간직하고 있다." 아낙사고라스의 우주는 엠페도클레스처럼 사랑과 질투로 운동하는 게 아니라 〈누우스 Nous〉를 〔가장 순수하고, 가장 희박하며, 최상의 이성으로 모든 물질을 움직이는 원리〕 통해서 운동한다.

아낙사고라스의 철학도 원자개념으로 진보하는 한 단계에 불과했다. 이 단계는 레우키포스와 압데라(Abdera)의 데모크리토스에 의해 완성되었다. 파르메니데스철학에 있어서 존재와 비존재의 양극화는 여기서 〈농밀(濃密)함〉과 〈공허함〉이라는 양극화로 세속화되었다. 존재는 이제 일자가 아니라, 부단히 반복되는 무엇이다. 이것이 바로 분리할 수 없는 물질의 단위로써 원자이다. 원자는 영원하고 쪼갤 수 없다. 그러나 그것은 유한한 크기를 가지고 있다. 운동은 원자들 사이의 빈 공간 때문에 가능해진다. 이리하여 여기서 처음으로 최소입자의 존재에 대한 사고의 역사가 열리게 되었다. 우리는 기본입자를 물질의 마지막 구성분자라고 부르고자 한다.

원자에 〔데모크리토스는 '불가분자'라는 의미로 이 말을 쓴다〕 대한 이런 해석에 따르면, 물질은 그 자체로서 꽉 찬 것일 뿐만 아니라, 그 속에서 원자가 운동하는 텅 빈 무엇으로 구성되어 있다고 받아들여졌다. "비존재는 존재할 수 없다"라는 텅 빈 공간에 대한 파르메니데스의 논리적 증명은 우리의 경험과 조화시키기 위해 간단히 무시되었다. 현대적 관점에서 우리는 데모크리토스의 철학에 있어서 원자들 사이의 텅 빈 공간은 무(無)가 아니라고 말할 수 있다. 그것은 원자의 다양한 배열과 운동을 가능케 했던 기하학과 운동학 Kinematik〔운동을 유발하는 힘에 대해 고려하지 않고, 물체의 운동만을 탐구하는 역학체계의 한 분야. 케플러의 법칙은 하나의 순수 '운동학적 법칙'의 좋은 예이다. Phoronomie라고도 하며,

운전학 Getrieblehre의 중요한 부분이다]의 매개자였다. 텅 빈 공간의 존재 가능성은 철학에서 여전히 논란거리가 되고 있다. 아인슈타인의 [일반상대성이론]에서 기하와 [기하학적 공간이라는 의미로] 물질은 상대적으로 조건 지운다는 대답이 주어졌다. 이 대답은 공간은 어찌 보면 팽창된 물질로 펼쳐져 있다는 많은 철학자들에 의해 대변되던 견해와 일치하고 있다. 데모크리토스는 변화와 운동을 가능케 하기 위해 이 견해를 멀리한다.

데모크리토스의 원자는 모두 일단 성질만 가졌으나, 다양한 크기와 형태를 가진 동일한 물질로 〈있을 수〉 있었다. 그러므로 우리는 물리학적인 의미가 아니라, 수학적 의미에서 그것을 분리할 수 있는 무엇으로 상상할 수 있었다. 원자들은 스스로 운동할 수 있고, 공간의 다양한 위치를 취할 수 있었다. 그러나 원자는 다른 아무런 물리적 성질을 갖지 않았다. 원자는 색깔도, 냄새도, 맛도 없다. 우리들의 의미로 받아들이면, 물질의 성질은 이런 견해에 의하면, 공간 속에서의 원자의 운동과 성층으로 야기되었다. 비극과 희극이 동일한 어휘로 쓰일 수 있듯이, 그리하여 세계 속에서 사태의 무한한 다양성은 원자의 위치와 운동가능성으로 인하여, 동일한 원자에 의해 현실화될 수 있다. 이런 식으로 공허를 통해 가능하게 된 기하와 운동학은 원자철학의 발달 속에서 실로 순수 "존재"보다 더욱 중요한 것으로 증명되었다. 데모크리토스는 "사물은 외관상 색깔을 가진 것으로 보이고, 달고 쓰다는 느낌이 있을지 모른다. 그러나 실제로 그것은 원자와 공간 뿐"이라고 말한다.

레우키포스의 철학에 의하면, 원자는 단순히 우연에 따라 운동하지 않는다. "무(無)로부터는 아무것도 생성하지 않고, 모든 것은 일정한 근거와 필연성으로부터 생긴다"고 말함으로써, 완벽한 결정론을 받아들이는 것으로 보일 수도 있다. 원자론자들은 원자의 최초의 운동과 충돌에 대해 어떤 이유도 대지 않는다. 이로써 분명히 나타나는 바는, 그들은 확실히 원자운동의 인과적 서술을 생각했다는 점이다. 왜냐하면 인과율은 언제나 처음의 것을 통해서 나중의 사태를 설명할 수 있을 뿐이므로, 인과율은 결코 시초를 설명할 수 없다.

원자설의 근본사상은 후기 희랍철학자들에게 더러는 수용되었고, 더러는 변경되었다. 현대물리학과 비교함에 있어서 플라톤(Platon)이 자신의 대화편 『티마이오스 Timaios』에서 시도했던 물질에 대한 설명을 논의하는 것이 중요하다. 플라톤은 원자론자가 아니었다. 반대로 디오게네스(Diogenes Laertios)는 플라톤이 데모크리토스의 철학을 아주 못마땅하게 여겼던 바, 데모크리토스의 책을 불살라 버려야 한다는 소망을 피력했다고 전한다. 그러나 플라톤은 피타고라스학파 Phythagoreische Schule의 가르침과 엠페도클레스철학과 유사한 원자론을 종합했다.

피타고라스학파는 디오니소스를 숭배하던 '오르페우스교 orphische Kult' 〔오르페우스교는 신화에 나오는 시인 오르페우스에서 비롯한다고 하는 고대 희랍의 밀의종교(密儀宗教). 이 종교는 바쿠스 Bacchus 신을 숭배함에 있어서 육체적 엑스터시를 정신의 정화로 바꾸었고, 영혼의 윤회를 믿었다. 이는 희랍인들의 영혼관에 중대한 변화를 초래했고, 피타고라스나 플라톤의 사상에도 영향을 주었다. 바쿠스신은 트라키아 Trachia인들이 숭배했던 목초의 번식과 많은 수확을 촉진하는 신이다. 그들이 포도주를 마시고 취하는 일은 바쿠스신의 소위(所爲)라고 여겨 신성한 것으로 간주했다〕로부터 파생했다. 그것은 당시 인간의 사고에 중대한 영향을 미쳤던 수학과 종교의 놀라운 결합으로 나타났다. 피타고라스학파가 수학적 공식의 창조적인 힘을 최초로 알았던 것 같다. 두 현(鉉)의 길이를 유리수의 관계로 조절하면, 동일한 소리를 낸다는 이들의 발견은 수학이 자연현상과의 관계에서 얼마나 중요한가를 보여준다. 피타고라스학파에 있어서 중요한 것은 이에 대한 합리적인 설명이 아니라, 현의 길이의 수학적인 관계가 소리의 조화를 창조했다는 점이다. 이 학파의 가르침에는 이해하기 힘든 많은 신비가 있다. 그러나 이들은 수학을 종교의 한 부분으로 만듦으로써 인간 사고의 진보에 결정적인 역할을 했다. 영국의 철학자 러셀(B. Russell)은 "파타고라스만큼 우리 인간 사고에 많은 영향을 끼친 사람을 알지 못한다"고까지 말했다.

플라톤은 피타고라스학파를 통해 다섯 가지 정면체의 발견과, 이를 엠페도클레스의 4대 요소와 연결지울 가능성을 알아냈다. 그래서 그는 땅의 최소단위를 정육면체와, 공기는 정팔면체, 불은 정사면체, 그리고 물은 정이십면체와 각각 비교했다. 그러나 정십이면체와 대응하는 물체는 없다. 플라톤은 이와 대응하는 것으로써, "우주를 재기 위해 신이 사용하는 다섯 번째 형상이 있다"고 말한다.

플라톤은 4대 요소를 설명하는 정면체는 원자와 비교될 수 있지만, 그러나 불가분리한 것은 아니라고 분명히 말한다. 이로부터 정면체의 면(面)을 구성하기 위해 플라톤은 동일한 면을 가진 것과 등각, 등변을 가진 두 종류의 삼각형으로 자신의 정면체를 구성한다. 그래서 4대 요소들은 부분적으로 서로서로 변화한다. 이 정면체들은 삼각형으로 나누어지고, 이 삼각형으로부터 새로운 정면체가 구성된다. 예를 들어 하나의 사면체와 두 개의 팔면체를 스무 개의 등면 삼각형으로 쪼갤 수 있고, 다시 하나로 묶어 이십면체로 만들 수 있다. 다시 말해, 이들이 공간적 팽창을 갖지 않고 있기 때문에, 물 원자는 한 개의 불원자와 두 개의 공기원자로 합성될 수 있다는 의미이다. 삼각형이 정면체로 구성될 경우에만 물질의 〈기본절대단위〉가 생겨난다. 물질의 최소단위는 데모크리토스의 철학에서처럼 원초적으로 존재하는 어떤 사물이 아니라, 수학적 형태이다. 여기서는 형상을 구성하는 질료보다 형상 그 자체가 중요하고, 질료는 형상으로 나타난다는 사실이 분명히 된다.

지금까지 우리는 희랍 자연철학과 원자개념의 성립에 이르기까지 간단히 고찰했다. 이제 원자 혹은 양자론에 대한 현대의 해석이 저 고대 자연철학의 발전에 대해 어떤 태도를 갖는가를 살펴보자. 근대의 물리학이나 화학에 있어서 〈원자〉라는 말은 우선 역사적으로 잘못된 대상에 고착되어 왔다. 이는 17세기에 자연과학이 재수용되었을 때, 나타났던 현상이긴 하지만, 사람들이 원자라는 표현을 화학물질의 최소단위에 적용했기 때문에, 오늘날 우리들의 개념적 표상에 있어서도 이는 다소 복잡한 모양으로 남아 있다. 화학물질의 원자를 구성하는 보다 작은 단위는 오늘날 〈기본입자〉라 부르고, 현대물리학의 어떤 개념을 데모크리토스의 원자와 비교할 경우, 그것은 양성자, 중성자, 전자, 중간자와 같은 기본입자를 의미한다.

데모크리토스는 원자의 운동과 배열로 물질의 특성이 〔색깔, 맛, 냄새〕 설명되려면, 원자 자체는 이런 특성을 가질 수 없음을 분명히 알고 있었다. 그는 원자로부터 이런 특성들을 제거해 버림으로써, 그의 원자는 다소 추상적인 물질의 덩이이다. 그러나 그는 원자에 〈존재〉, 공간적 팽창, 모양과 운동이라는 특성을 부여했다. 이런 특성을 원자로부터 떼어내 버리면, 원자를 설명하는 것이 도무지 불가능해지기 때문에, 이런 특성은 원자에 고유한 것이었다. 그러나 이 특성은 간단히 추측될 뿐, 보다 근본적인 것으로 환원되지 않기 때문에, 이로부터 원자개념은 기하학적 형태, 공간적 팽창 혹은 물질의 존재를 설명할 수 없다는 결론이 나온다. 이런 성질들은 있는 그대로 받아들여질 뿐, 더 이상 근본적으로 해석되지 않는다.

이런 문제와 관련하여 기본입자에 대한 오늘날의 해석은 보다 일관되고 철저하다. 우리는 중성자를 이야기할 수 있지만, 명확하게 규정된 중성자의 모양을 제시할 수도, 또 도대체 무엇을 염두에 두고 이 말을 하는지도 설명할 수 없다. 우리는 다양한 형상으로 때로는 그것이 입자라고, 때로는 파동 혹은 〈파동집단〉이라고 묘사하고 있지만, 이런 묘사가 결코 정확하지 않음도 또한 알고 있다. 중성자는 분명 색깔도, 냄새도, 맛도 없다. 이런 의미에서 그것은 희랍철학의 원자들과 유사하다. 다른 특성들은 그러나 어떤 의미에서는 기본입자로부터 왔다. 입자의 기하학과 운동학 〔공간에서의 모양과 운동〕이라는 통상의 해석은 언제나 모순 없이 적용될 수 없다. 기본입자를 〈정확히〉 설명하고자 할 때, 그 유일한 가능성은 확률함수이다. 여기서 특성을 문제 삼을 경우 〈존재〉의 특성은 결코 제한 없이 기본입자에 적용될 수 없음을 알 수 있다. 그것은 존재에 대한 하나의 가능성 혹은 경향이다. 현대물리학의 기본입자는 그래서 그리스철학에서의 원자보다 훨씬 더 추상적이다. 바로 이런 이유에서 물질의 존재방식에 대한 이해의 열쇠로 더 적절하다.

데모크리토스의 철학에서 모든 원자는 동일한 질료(내용물)로 〔'질료' 라는 말이 여기에 적용될 수 있다면〕 구성되어 있다. 현대물리학의 기본입자는 질량을 지니고 있다. 「상대성이론」에 의하면 질량과 에너지는 본질적으로 동일하기 때문에, 모든 기본입자는 에너지로 구성되어 있다고 말할 수 있다. 그러므로 에너지가 세계의 근본물질이라 볼 수 있다. 실제로 에너지는 보존된다는 본질적 특성을 가지고 있는 바, 에너지는 실체개념에 속한다. 기왕에 언급한 바와 같이, 현대물리학의 해석은 헤라클레이토스의 불을 에너지로 해석할 경우, 그의 해석과 매우 근사하다. 에너지는 운동자이며, 모든 변화의 최초 원인이라고 볼 수 있다. 에너지는 물질로, 열 혹은 빛으로 변화할 수 있다. 헤라클레이토스의 철학에서 대립물의 투쟁은 여기서 에너지의 다양한 형태들 간의 변화와 순환에서 대립된 형상을 찾을 수 있다.

데모크리토스의 철학에 있어서 원자는 영원하고 불가분리한 물질의 단위인데, 그들은 결코 상호 결합하거나 전이되지 않는다. 현대물리학의 분명 그의 유물론에 반대하고, 플라톤이나 피타고라스학파의 견해와 궤를 같이 한다. 기본입자는 절대 영원하거나 불가분리한 물질의 단위가 아니며, 상호 전이할 수 있다. 두 개의 기본입자를 고속으로 충돌시키면 무수히 새로운 기본입자들이 생긴다. 이들 기본입자는 주어진 두 입자의 운동에너지로부터 생긴다. 그래서 충돌하는 입자는 그 순간 사라진다. 이 과정은 사주 관찰되있고, 이로써 우리는 모든 입자는 동일한 본질, 에너지로 구성되어 있음을 증명하는 좋은 예이다. 플라톤이나 피타고라스학파의 해석과 현대의 그것과의 유사성은 이뿐만이 아니다. 플라톤의 『티마이오스』에 의하면, 기본입자들의 궁극적인 모습은 물질이 아니라, 수적 형태이다. 피타고라스는 〈만물은 수〉라고 말했다. 그 당시에 알려져 있던 유일한 수학적 형상은 정면체와 삼각형과 같은 그런 기하학적, 입체적 형상이었다. 이로부터 면이 형성되었다. 현재의 양자론에 있어서 입자의 궁극적 모습 역시 수학적 형상이긴 하나, 매우 복잡하고 추상적인 형태를 띠고 있다는 사실을 의심할 수 없다. 희랍의 철학자들은 통계적, 기하학적 형태를 생각했고, 정면체에서 이런 형태를 발견했다. 현대의 자연과학은 그 시초인 16-17세기부터 운동의 문제를 중심과제로 삼았고, 시간개념을 근본으로 했다. 뉴턴 이래의 물리학에서도 변화하지 않는 것은 위상이나 기하학적 형태가 아니라, 역학법칙이었다. 〈운동방정식〉은 모든 시대에 공히 타당했고, 이런 의미에서 기하학적 형태는 변화하는 반면에, 〔예를 들어 혹성의 궤도처럼〕 운동방정식은 영원한 것이었다. 기본입자를 설명하는 수학적 형태는 그래서 물질의 불변하는 운동법칙에 대한 궁극적인 해답이어야 했다.

물리학은 지난 몇 년 사이에 물질의 근본법칙을 공식으로 나타내려는 시도를 할 만큼 발전해 왔다. 실험물리학은 기본입자의 특성과 변화에 관한 엄청난 자료를 가지고 있는 바, 이론물리학은 이 자료를 토대로 근본법칙을 나타내고자 한다. 이는 이미 물질의 기본방정식이라는 아주 간단한 형태로 제안되어 있었고, 이 특수한 방정식이 어느 정도 진척되었는가를 아는 데는 몇 해가 더 걸렸지만, 이 최초의 시도는 이미 최소한 정성적 qualitativ으로 설명될 수 있다는 상당한 확실성을 가지고 기본입자에 대한 연구가 이루어졌던, 저 물리학과 철학의 다양한 방식을 보여주고 있다.

이 기본방정식에서 중요한 것은 〔어떤 특정한 종류의 기본입자나 파동이 아니라〕 물질에 대한 수학적 표현으로 간주될 수 있는 〈장연산자(場演算子)〉에 대한 〈비선형파동방정식〉이다. 이 파동방정식은 수학자들이 말하듯이 고유치와 고유한 해답을 포함하고 있는 복잡한 체계의 적분방정식과 수학적으로 등가이다. 이 해답은 결국 기본입자를 서술한다. 즉 이것은 피타고라스학파의 정면체로 대치되는 수학적 형태이다. 해답은 동일한 수학적 연산을 통한 기본방정식을 따르고, 이 연산을 통해 팽팽한 현(鉉)의 미분방정식에서 피타고라스학파의 현의 조화로운 진동을 추론할 수 있음을 별도로 언급하고자 한다.

플라톤철학의 정면체에 핵심인 수학적 대칭은 저 기본방정식에 있어서도 핵심이다. 방정식은 그 기본에 있어서 일련의 대칭특성에 대한 수학적 서술이다. 그러나 이 대칭특성은 플라톤의 정면체처럼 구상적이 아니다. 오늘날의 물리학에서 중요한 것은 대칭특성이다. 이는 시간-공간 위에서 동일한 방식으로 나타나고, 그 수학적 표현은 기본방정식의 집단이론적 구조 속에서 발견된다. 가장 중요한 집단은 소위 「로렌츠집단 Lorenzgruppe」인 바, 이는 「특수상대성이론」에서 발견된 시간-공간 구조의 서술로 간주될 수 있다. 여기에 지난 몇 년 사이에 발전된 기본입자의 다양한 양자수와 관련이 있는 또 다른 집단이 있다. 기본방정식 그 자체는 매우 간단한 형태지만, 다양한 대칭특성으로 충만해 있다. 그리고 기본입자의 변화에 관한 방대한 경험자료는 이 대칭특성과 정확하게 합치한다.

현대물리학은 피타고라스학파와 플라톤이 걸었던 길과 동일한 성신적 행로를 걷고 있다. 이는 플라톤도 그렇게 희망했듯이, 이 길의 끝에는 하나의 매우 간단명료한 자연법칙의 공식이 있을 거라고 믿었다. 물리학의 기본방정식을 간단한 수학공식으로 나타내는 것이 지금까지 항상 가능했었다는 사실을 차치하고라도, 이런 희망에 대한 어떤 정당한 근거를 단순성으로 규정하는 일은 어렵다. 이 사실은 피타고라스학파의 종교에 들어맞는다. 그리고 많은 물리학자들은 이런 관점에서 그들의 신념을 고백한다. 그러나 지금까지 아무도 이에 대해 '그것은 이렇게 있어야 한다'〔물리학은 간단한 수학공식으로 표현될 수 있어야 한다〕라고 실로 설득력 있는 근거를 제시할 수 없었다.

이 자리에서 우리는 현대물리학에서 기본입자 개념의 문외한들이 종종 제기하는 질문에 대해 생각해보자. 왜 물리학자들은 기본입자는 보다 더 작은 것으로 나누어질 수 없다고 주장하는가? 이 질문에 대한 대답은 현대 자연과학이 희랍철학에 비해 얼마나 추상적인가를 적나라하게 보여준다. 우리들의 고민은 어떻게 기본입자를 나눌 수 있을까? 하는 것이다. 여기서 인간이 소유하고 있는 유일한 도구는 다른 기본입자이다. 엄청난 운동에너지를 갖는 두 기본입자의 충돌은 그러므로 입자가 궁극적으로 나눠질 수 있는 유일한 과정이다. 실제로 이 과정에서 입자들은 종종 많은 상이한 파편들로 나눠진다. 이 파편들은 기본입자보다 작은 어떤 것이 〔기본입자에서 쪼개져서 생긴〕 아니라, 그 자체로서 다시 하나의 기본입자이다. 이들의 질량은 충돌하는 입자들의 매우 큰 운동에너지로부터 생긴 것이다. 다시 말해 에너지의 물질로의 전화를 통해 기본입자의 파편 자체는 다시 동일한 성질의 기본입자로 됨이 가능하다는 말이다.

원자물리학의 현대적 해석과 희랍철학을 비교함에 있어서 우리는 오해가 없도록 주의를 환기시키지 않으면 안 된다. 얼핏 보아서 이는 희랍철학은 일종의 천재적인 직관을 통해, 우리가 수백 년 동안 실험과 수학의 도움으로 피나는 연구를 한 후, 근대에 와서 비로소 얻은 결과와 동일하거나 적어도 그와 비슷한 결과에 도달했다고 볼 수 있다. 이러한 해석은 그러나 잘못하면 오해로 이끌 소지가 있다. 현대 자연과학과 희랍철학 사이에는 분명 큰 차이가 있다. 특히 중요한 차이의 하나는 현대 자연과학의 경험주의적 태도이다. 갈릴레이, 뉴턴 이래 자연과학은 자연의 개별적 과정에 대한 신중한 연구에 근거하고 있고, 그리고 인간은 실험을 통해 증명되었거나, 증명될 수 있는 자연에 대해서만 진술할 수 있다는 주장에 기초하고 있다. 개별적인 것들을 연구하고, 지속적인 변화 속에서도 불변하는 법칙이 있음을 밝히기 위해, 인간은 개개의 자연과정을 실험으로 골라낼 수 있다는 생각은 희랍철학자들에게는 빠져 있다. 그래서 현대 자연과학은 고대철학보다는 훨씬 더 척박하지만, 견고한 토양 위에 있다.

현대물리학의 주장들은 희랍철학자들의 그것보다 어떤 의미에서는 훨씬 진지하게 받아들여졌다. 예를 들어 플라톤이 불의 최소입자는 사면체라고 말할 때, 그가 진실로 생각하고 있는 게 무엇인지 쉽게 알아볼 수 있다. 사면체의 형태가 단지 상징적으로 불의 요소의 일부를 이루는가? 불의 최소입자가 딱딱한 사면체, 혹은 유연한 사면체로 기계적인 것인가? 또 어떤 힘에 의해 이 입자가 삼각형으로 나눠지는가? 결과적으로 현대 자연과학은 불의 원자는 왜 삼면체 혹은 다른 모양이 아니고 꼭 사면체인가를 어떻게 실험적으로 결정할 수 있는가? 라는 질문을 부단히 제기하지 않으면 안 된다. 오늘날 「장이론 Feldtheorie」이 양성자는 물질의 기본방정식의 일정한 해답으로 설명된다고 주장할 때, 이 해답으로부터 양성자의 가능한 모든 특성을 수학적으로 끌어낼 수 있으며, 이 해답의 타당성은 실험을 통해 하나하나 증명될 수 있음을 의미한다. 오늘날의 물리학의 진술은 한 진술의 타당성을 무수히 많은 개별적인 경우에 대해서도 고도의 정밀도로, 실험적으로 검토하는 일에 큰 비중을 두고 있다. 고대철학에는 이것이 결여되어 있다.

한마디로 고대철학의 몇몇 진술들은 현대 자연과학의 그것과 놀라울 정도로 근접해 있다. 이는 우리가 일상적으로 얻는 자연경험을 실험을 통하지 아니하고 그려내고자 부단한 노력을 경주할 때, 하나의 논리적 규준을 이 경험에 적용하고자 할 때, 그리고 이를 하나의 보편적 원리로 이해하고자 할 때, 우리가 어떻게 거기에 도달할 수 있는가를 보여준다.

5. 데카르트 이후 철학사상의 발달과 양자론의 새로운 상황

기원전 4-5세기에 희랍의 과학과 문화는 그 절정에 달했는데, 그 후 이천 년 동안 인간의 사고는 초기 희랍 자연철학의 문제제기와는 판이하게 다른 문제에 몰두해 왔다. 희랍문화의 첫 한 세기 동안 가장 강력한 힘은 우리가 살고 있고, 감성으로 인지하는 세계의 구체적인 〈현실성〉에 근거를 두고 있다. 이 〈현실성〉은 바로 삶 그 자체였으며, 물질과 정신, 혹은 육체와 영혼의 차이를 주장할 아무런 이성적 근거도 없었다. 우리가 보았듯이 이미 플라톤의 철학에서 이 힘을 대신할 또 다른 현실성이 시작되고 있음을 알 수 있다. 플라톤은 시적인 형상화를 통해, 사슬에 묶인 채 동굴 속에 갇혀 있어서 항상 한 방향만 바라볼 수 있는 인간을 비유적으로 설명하고 있다. 이 인간의 뒤에서는 항상 불이 타오르고 있고, 인간은 동굴의 벽에 그려지는 자신과 온갖 대상의 그림자만 볼 수 있다. 인간은 늘 그림자만 볼 수 있기 때문에, 그림자를 〈실재(實在)〉로 파악할 뿐, 대상의 참된 모습을 파악하지 못한다. 드디어 그 중 한 사람이 쇠사슬에서 풀려나서 햇빛 속으로 걸어 나오면, 그제야 그는 실재를 보게 되고 자신이 지금껏 사물의 그림자를 현실로 생각했음을 알게 된다. 처음으로 그는 〈진리〉를 알게 되고, 어둠 속에서의 긴 삶을 슬프게 생각한다. 진정한 철학자는 동굴에서 진리의 햇빛 속으로 탈출한 죄인이다. 이 사람만이 진정한 지혜를 갖고 있다. 진리와의 직접적인 연계 혹은 기독교적인 의미로 신과의 연계는 감성으로 인지하는 세계의 현실성보다 강력해지려는 하나의 새로운 현실성이다. 신과의 직접적인 연계는 세계 내에서가 아니라, 인간적 영혼 속에서 완수된다. 그리고 인간 사고는 플라톤 이후 이천 년 동안 다른 무엇보다도 이 문제에 몰두해 왔다. 이 시기에 철학자의 관심은 외적 감성의 세계가 아니라, 인간의 신에 대한 관계, 윤리의 문제, 계시의 해석 등, 인간의 내적 영혼에 모아졌다. 이탈리아에서 시작된 르네상스시기에 와서야 비로소 자연에 대한 관심의 부활로 인간 사고의 점차적인 변화가 감지된다.

자연과학의 비약적 발전은 16-7세기에 와서 이것의 기초개념과 밀접하게 연관되어 있는 철학사상의 발전에 의해 수반되었다. 그래서 이 철학사상을 현대적 관점에서 조명해 보는 것도 좋을 듯하다.

새로운 자연과학의 시대를 살았던 가장 위대한 철학자는 17세기 전반기의 르네 데카르트(Rene Descartes)이다. 자연과학의 발전에 기여한 그의 중요한 사상은 그의 주저(主著), 『방법서설 Discours sur la Methode』에 들어 있다. 그는 〈회의〉와 논리적 사고의 기초 위에서 완전히 새로운, 그가 믿고 있듯이 철학체계의 확고한 토대를 얻고자 노력했다. 계시는 이러한 토대가 아니며, 아울러 우리가 감성적으로 인식하는 바를 무비판적으로 수용하지도 않았다. 그의 〈회의〉는 이렇게 시작된다. 그는 우리의 감성적 인지, 나아가서 합리적 사고의 귀결마저도 회의했다. 그리하여 그는 저 유명한 말 〔"나는 생각한다. 그러므로 존재한다 cogito, ergo sum"]을 하게 되었다. '나는 나 자신의 존재를 의심할 수 없다. 왜냐하면 나의 존재는 내가 생각한다는 사실에서 귀결되기 때문이다.' 이런 방식으로 〈나〉의 존재에 도달한 다음, 근본적으로 스콜라 철학적 방법으로 신의 존재를 증명하는 일로 나아간다. 결국 신은 우리에게 세계의 존재를 믿도록 하는 강력한 경향성을 심어두었다는 사실로 세계의 존재를 추론한다. 신이 인간을 속인다는 것은 상상할 수 없다.

데카르트 철학의 출발점은 고대 희랍철학과는 완전히 상이하다. 그의 철학에서는 근본원리 혹은 근본물질이 아니라, 근본적이고 명백한 지식을 얻으려는 노력에서 시작한다. 인간의 자신에 대한 지식은 외부세계에 대한 지식보다 확실하다. 그의 〈신〉, 〈세계〉, 〈나 Ich〉라는 삼각형의 출발점은 위험하게도 철학함의 기초를 단순화시켰다. 플라톤 철학과 더불어 시작되어 온 물질과 정신, 육체와 영혼의 분리는 여기서 완벽해졌다. 신은 〈나〉로부터, 또한 세계로부터 분리되었다. 신은 실제로 세계와 인간 위의 높은 곳으로 끌어올려졌으며, 결과적으로 데카르트 철학에 있어서 신은 단지 〈나〉와 세계의 관계를 산출하는 하나의 공통된 연결점일 뿐이다.

희랍 자연철학이 근본원리를 조망함으로써, 사물과 현상의 무한한 다양성 속에서 하나의 질서를 발견하고자 하는 반면에, 데카르트는 근본적인 구분을 통해서 질서를 구현하고자 한다. 이 과정에서 야기되는 이 세 부분은 그들 중 어느 하나가 다른 두 요소와 독립해 있는 것으로 보여지면, 그 본질을 상실하게 된다. 데카르트의 근본개념을 활용하고자 한다면, 신은 세계 속에 〈나〉 속에 현존해 있고, 〈나〉는 세계로부터 분리될 수 없다는 사실을 간과해서는 안 된다. 데카르트도 물론 이런 관련의 불가피성을 알고 있었지만, 그 이후 철학과 자연과학은 〈생각하는 것 res cogitans〉과 〈연장하는 것 res extensa〉의 양극성의 기초 위에 발달해 왔다. 자연과학은 그 관심을 〈연장하는 것〉에 두었다. 데카르트의 이 구분이 그 다음 세기의 인간 사고에 미친 영향은 과대평가되어서는 안된다. 오히려 우리는 물리학의 발전에 따라 비판해야 한다.

사실상 데카르트는 르네상스와 종교개혁의 시기에 이미 주어져 있던 인간 사고의 한 경향을 최초로 공식화했을 뿐, 자신의 새로운 철학적 방법으로 인간 사고를 새로운 방향으로 이끌었다는 주장은 확실히 잘못된 것이다. 물론 예를 들어 플라톤 철학의 영향을 분명히 보여주는 수학에 대한 관심의 부흥, 혹은 개인적 종교의 주장을 말할 수 있다. 수학에 대한 점증하는 관심은 수학적 결론처럼 명백한 진리에 도달하기 위해, 논리적 사고로 출발했던 하나의 철학체계를 발전시켰다. 개인적인 종교의 주장은 〈나〉와 〈나〉의 신과의 관계를 세계로부터 분리한다. 갈릴레이(Galileo Galilei)의 경우에서 보듯이 경험적 자연설명의 수학과의 관계에 대한 관심은 부분적으로 어쩌면 종교개혁의 신학논쟁에 의해 완전히 해소된, 어떤 하나의 인식에 도달할 가능성으로부터 초래되었을지도 모른다. 이 경험적 지식은 신이나 〈나〉에 대해 말하지 않고, 수학적 언어로 획득, 확증될 수 있었으며, 이로써 〈신〉, 〈세계〉, 〈나〉라는 세 기본개념으로의 구분과 〈생각하는 것〉과 〈연장하는 것〉의 구분이 수반되었다. 그 당시 자연과학의 선구자들 사이에는 토론 중에 신의 이름이나 세계의 근본원리를 말해서는 안 된다는 구체적인 약속이 있었다.

데카르트의 이 구분이 갖는 난점은 처음부터 알 수 있었는데, 예를 들어 그는 〈생각하는 것〉과 〈연장하는 것〉을 구분하면서 짐승을 〈연장하는 것〉에 포함시키고 있다. 그리하여 짐승이나 식물은 기본적으로 기계나 다를 바 없었고, 이들의 특성은 물질적 원인으로 규정되었다. 그러나 동물에게도 인간의 영혼과 비슷한 게 있음을 부인하는 건 더 어려운 일이다. 오늘날의 해석으로 우리가 믿고자 하는 바는, 만약 우리가 물리학이나 화학의 법칙이 유기체에도 역시 엄격하게 적용된다는 사실을 받아들일 경우, 예를 들어 토마스 아퀴나스(Thomas von Aquin) 철학에서 영혼이라는 오래된 개념은 데카르트의 〈생각하는 것〉이라는 개념보다 덜 강제적이고 자연스럽다. 짐승을 그저 기계와 다를 바 없다고 보아야 한다면, 데카르트의 이런 견해는 결국에는 인간 역시 다른 무엇으로 파악할 수 없다는 것으로 되었다. 반면에 〈생각하는 것〉과 〈연장하는 것〉이 그 본질에 따라 완전히 상이한 무엇으로 보였기 때문에, 이 양자가 상호 작용할 수 있다고 생각하는 것은 불가능했다. 정신과 육체의 경험들 간의 평행을 이해하기 위해서는 정신도 물리학이나 화학적 법칙에 상응하는 법칙을 통해 완전히 규정된 무엇이어야 한다. 여기서 바로 자유의지의 가능성에 대한 물음이 제기된다. 지금까지의 이런 서술은 확실히 '작위적'일 뿐만 아니라, 데카르트의 구분이 갖는 한계를 보여준다.

한편 이 구분은 몇 세기 동안 자연과학에 있어서 예상 밖으로 성공적이었다. 뉴턴역학과 이에 따라 형성되었던 고전물리학의 모든 다른 영역들은 신이나, 인간 자신에 관해 말하지 않고, 세계를 설명할 수 있다는 가정에 기초하고 있다. 이 가능성은 거의 모든 자연과학의 필연적 전제로 간주되었다.

그러나 현대 양자이론으로 이러한 문제 상황은 근본적으로 변화했다. 그래서 우리는 이제 데카르트 철학과 현대물리학의 현재상황의 비교로 넘어갈 수 있다. 우리 자신을 하나의 개별적 존재로써 이 설명에 포함시키지 않고도 코펜하겐의 해석에서는 자연을 설명할 수 있다는 사실, 나아가서 자연과학 역시 인간에 의해 구성된다는 사실은 간과할 수 없다는 점도 이미 앞 절에서 언급한 바 있다. 자연과학은 자연을 단순히 〈즉자 an sich〉로 있다고 설명하지 않고, 오히려 자연과 인간의 상호작용의 한 부분으로 본다. 자연과학은 인간의 문제제기와 방법을 통해 드러나는 자연을 서술한다 〔자연은 수동적이다〕. 데카르트는 이러한 가능성에 대한 생각에 미치지 못했고, 그러므로 세계와 〈나〉의 엄밀한 구분은 불가능해진다.

왜 아인슈타인처럼 위대한 자연과학자조차도 이 코펜하겐의 해석을 이해하고, 수용하는데 그토록 곤란을 겪었던가를 생각해보면, 이 어려움의 뿌리는 바로 데카르트적 구분에까지 소급될 수 있음을 알 수 있다. 데카르트 이후 삼백 년 동안이나 이 구분은 인간 사고에 깊이 침윤되어 있었다. 이 구분을 '실재'에 대한 그야말로 새로운 해석을 통해 완전히 몰아내는 데는 많은 시간이 걸렸다.

우선 〈연장하는 것〉에 대한 데카르트의 구분으로 귀결되는 기본 입장은, '세계와 세계 속에서 우리가 인지하는 연장된 사물이 존재한다'고 보는 〈형이상학적 사실주의〉라고 명명할 수 있다. 이 해석은 〈실천적 사실주의〉와 구별되어야 하는 바, 우리의 진술내용이 조건들에 구속되지 아니하고, 이 조건하에서 진술이 검증될 수 있다고 주장함으로써 어떤 진술을 객관화하는 방법을 통해 우리는 어쩌면 사실주의의 다양한 양태들을 식별할 수 있을 것이다. 실천적 사실주의는 객관화될 수 있는 '확증'이 있으며, 실제로 인간의 일상적 경험의 많은 부분이 이런 확증으로 구성되어 있다고 생각한다. 독단적 사실주의는 물질세계에 대한 아무런 의미 있는 진술도 있을 수 없고, 그것은 객관화될 수 없다고 주장한다. 실천적 사실주의는 항상 자연과학의 핵심적인 기초였으며, 미래에도 그러할 것이다. 언급한 대로 독단적 사실주의는 그러나 자연과학의 필연적 전제조건이 아니다. 과거에 이는 자연과학의 발달에 있어 분명히 매우 중요한 역할을 했다. 실제로 고전물리학의 세계해석은 바로 독단적 사실주의의 해석이다. 사람들은 여기에 기초하지 않고도 엄밀한 자연과학이 가능하다는 것을 양자이론으로부터 비로소 배웠다.

아인슈타인은 독단적 사실주의의 근본적 사고방식을 가지고 양자이론을 비판했다. 이는 매우 자연스러운 태도인 바, 모든 자연과학자는 객관적으로 참인 무엇을 추구한다는 생각으로 연구를 수행한다. 이들의 진술은 조건에 구속되어 있을지도 모르는, 이 조건 하에서 검증될 수 있는 무엇으로 생각하지 않았다. 물리학에서 그런 간단한 수학법칙으로 설명할 수 있다는 사실은 현실의 진정한 특성과 관련이 있지, 어떤 단어 그 자체의 의미에서 발견되는 무엇과 관련되는 게 아니라는 점을 가르쳐준다. 그것은 아인슈타인이 독단적 사실주의를 자연과학의 토대라고 보았을 때, 생각하고 있었던 바이다. 양자론은 수학법칙을 통해 이 토대 없이 자연을 설명할 수 있는 가능성을 보여준 좋은 예이다. 이 법칙은 뉴턴역학의 법칙처럼 그렇게 간단하지가 않다. 그러나 〔복잡한 원자의 선분광처럼〕 현상들의 복잡성을 설명하는 데는 양자론의 수학적 체계가 매우 간단하다. 한마디로 자연과학은 독단적 사실주의의 토대 없이도 가능하다.

사물은 "실제로 존재한다"라고 함으로써, 형이상학적 사실주의는 독단적 사실주의보다 한 걸음 더 나아간다. 이는 데카르트가 '신은 우리를 속이지 않는다'라는 자신의 논지로 증명하고자 했던 바이다. '사물이 실제로 존재한다'라는 진술은 여기서 "존재한다"는 단어가 데카르트의 진술, "나는 생각한다, 그러므로 나는 〈존재한다〉"에서도 마찬가지로 나타난다는 사실과 구별되었다. 그럼에도 불구하고 이것이 독단적 사실주의의 테제에 이미 포함되어 있던 것에 비해 얼마나 많은 것이 고려될 수 있는가를 보기는 어렵다.

이로써 우리는 데카르트가 자신의 체계에 부동의 기초라고 보았던 〈코기토 에르고 숨 Cogito, ergo sum〉에 대한 비판에 이르렀다. 여기서 〈코기토 Cogito〉와 〈숨 sum〉이라는 단어가 그 진술을 수반하는 것으로 규정된다면, 이 문장이 수학적 증명의 확실성을 가지고 있음은 사실이다. 그러나 데카르트는 이런 개념규정을 생각하지 않았다. 그는 〈존재〉 혹은 〈생각〉이 무엇을 의미하는지 우리는 이미 알고 있다고 가정한다. 그래서 이 문장은 맨 처음에 나오지 않는다. 이런 개념규정을 엄격히 하면, 그렇게 규정된 〈생각〉과 〈존재〉라는 개념으로 우리는 어느 정도까지 인식의 지평을 열 수 있는지 결정되지 않았다. 우리는 기존의 개념들을 일상의 언어체계 속에서 과연 얼마나 활용할 수 있느냐 하는 경험적 질문이 항상 마지막에 놓인다.

형이상학적 사실주의의 난점은 데카르트 이후 금방 발견되었고, 감각주의, 실증주의 등 경험주의 철학의 출발점이 되었다.

초기 경험주의 철학의 대표적인 세 사람으로 우리는 로크(John Locke), 버클리(George Berkeley), 흄(David Hume)을 지목한다. 로크는 데카르트에 반대해서 모든 지식은 궁극적으로 경험에 기초한다고 가르친다. 여기서는 감각적 경험이 〔우리의 사고가 작용하는 것과 같은 그런〕 중요하다. 인식이란 두 사상 간의 일치와 불일치에 대한 파악이다. 다음 단계는 버클리에 의해 수행되었다.

우리의 지식이 실로 지각이나 감각에 기초하고 있다면, 사물이 실제로 존재한다는 언명은 무의미해지고 만다. 지각이 주어지면, 사물이 존재하는지 아닌지에 대한 구분은 더 이상 불가능해지기 때문이다. 이런 식의 주장은 흄에 의해 귀납과 인과법칙을 거부하는 극단적인 회의주의로 확대되었으며, 이를 진실로 받아들일 경우 경험적인 자연과학의 전반적인 토대가 파괴되어야 한다는 귀결에 이르게 되었다.

경험주의 철학에 의해 개진된 형이상학적 사실주의에 대한 비판은 〈존재〉라는 단어의 너무나 조야한 사용에 대한 하나의 일반적인 경고로 설명할 때, 확실히 정당화되었다. 경험주의 철학의 긍정적인 주장 역시 유사한 관점에 따라 비판될 수 있다. 인간의 감각은 소리와 색깔의 원시적인 단위가 아니라, 우리가 느끼는 것은 하나의 사물로 지각된다. 그래서 감각이 실재의 궁극적 요소로서 사물의 지위를 갖는다면, 우리가 이해에 도달하는지 아닌지는 매우 의심스럽다.

근본적인 난점은 실증주의로 명백히 밝혀진다. 실증주의는 주어진 한 문장이 특정한 의미를 갖고 있는가, 이 문장이 도대체 의미가 있는가 하는 물음이 매번 철저히, 비판적으로 검토되어야 한다고 요구함으로써, 〈사물〉, 〈감각〉, 〈존재〉 등 특정한 용어의 조야한 사용에 대한 비판을 표현하고 있다. 이런 요구, 혹은 이들의 근본적인 태도는 수리논리학에서 유래했다. 엄밀한 자연과학의 진보는 관찰된 현상을 기호에 연결하는 것으로 이해되었다. 기호는 수학과 마찬가지로, 일정한 규칙에 따라 서로서로 결합될 수 있다. 아울러 기호의 결합을 통해 현상에 관한 진술을 표현할 수 있다. 전제된 법칙과 일치하지 않는 하나의 기호 결합은 오류가 아니라, 의미를 갖지 않는 것으로 이해된다.

이 논지를 고수하는데 있어서 난점은 한 문장이 의미 있는 것인가 아닌가를 규정할 보편적 기준의 결여이다. 어떤 문장이 개념과 공리의 일관된 체계에 속할 경우에만 분명한 결정이 가능하다. 그러나 이 체계는 자연과학의 발전에 있어서 전반적으로 하나의 법칙으로서 예외일지도 모른다. 어떤 경우 일정한 진술이 역사적으로 중대한 진보를 이루는데 있어서 무의미하다는 추측을 갖는다. 왜냐하면 이 진술은 모순을 포함한 개념들 간의 새로운 결합을 이루어낼 가능성을 창조했기 때문이다. 양자론의 한 예로써 "전자는 어느 궤도에서 원자핵 주위를 도는가?"라는 문장을 들 수 있다. 수리논리학에서 발달한 실증주의적 사고체계는 일반적으로 불명료하게 규정될 수 있는 개념과 단어를 사용하기 위해 불가피한 것이긴 하지만, 너무 편협한 것인지도 모른다.

모든 인식은 경험에 근거한다는 철학적 명제는 현대 실증주의에 있어서 결국 자연에 관한 모든 언명의 논리적 설명은 대상을 갖는다는 주장으로 귀결된다. 이런 주장은 고전물리학의 시대에 있어서 정당한 것으로 평가되었을지도 모른다. 양자이론의 전개와 더불어 이 주장이 충족될 수 없음을 배웠다. 전자의 〈위치〉와 〈속도〉라는 단어는 예를 들어 전에는 이들의 의미에 대해서 뿐만 아니라, 이들의 가능한 결합에 대해서도 충분히 규정된 것으로 보여야만 했다. 뉴턴역학에서 실제로 이 개념들은 확실히 규정된 개념이었다. 그러나 현대물리학의 관점에서는 「불확정성의 원리」에서 보듯이, 이들은 그렇게 확실히 규정되어 있지 않다. 이들은 뉴턴역학에서는 자연에 대한 의미가 아니라, 이들의 위상과 관련하여 잘 규정되어 있다고 말할 수도 있다. 이로써 우리는 인간들의 지식의 확대에 있어서 어떤 일정한 개념의 적용가능성을 정하는 한계를 결코 처음부터 알 수 없음을 알게 된다. 특히 이 지식이 현대적인 기술적 보조수단으로서만 그 속으로 들어갈 수 있는 가연과는 동떨어진 분야로 이끌 경우 그러하다. 그래서 우리는 이따금 논리적으로는 정당화될 수 없는, 혹은 거의 무의미하다고 해야 할 개념들을 적용하기 위해, 이 과정을 밝히도록 강요된다. 완벽한 논리적 명증성을 요구하는 것은 어쩌면 과학을 불가능케 할지도 모른다. 여기 현대물리학의 자리에서 우리는 무오류를 주장하려면, 결국 침묵 밖에 없다는 낡은 인식〔회의주의〕을 기억한다.

데카르트와 로크, 버클리 이 상이한 두 사상의 결합은 독일 관념론의 창시자 칸트(Immanuel Kant)에 의해 시도되었다. 현대물리학과의 비교를 위해 언급되어야 할 그의 저작은 『순수이성비판』이다. 칸트는 우선 지식이 순전히 경험에 의존하는지, 아니면 또 다른 원천에 기인하는지를 묻고, 결국 우리의 지식이란 최소한 부분적으로는 경험으로 도출되는 게 아니라, 〈아프리오리〉하다는 결론에 이른다. 그래서 그는 경험적 지식과 선험적 지식을 구분짓는다. 나아가서 그는 분석명제〔분석적 진술〕와 종합명제〔종합적 진술〕로 구분한다. 분석명제는 단순히 논리학에서 도출되고, 이를 부인하면, 내적 모순에 이르게 되고, 분석적이지 않은 모든 진술은 〈종합적〉이라 부른다.

그러면 〈선험적〉 인식의 범주는 무엇인가? 모든 인식은 우선 경험에서 시작된다고 보는 점에서 칸트는 경험론자와 일치한다. 그러나 인식이 항상 경험으로부터 도출되지는 않는다는 말을 덧붙인다. 경험은 어떤 사물이 이런저런 특성을 가졌다는 것을 가르쳐주지만, 그것이 절대로 다른 것일 수 없다는 점을 가르쳐주지는 않는다. 칸트가 말했듯이 하나의 언명이 항상 동시에 필연성으로 생각되면, 다른 말로 하면 우리가 그 반대 경우를 상상할 수 없다면, 그것은 선험적이어야 한다. 경험은 우리의 판단에 결코 완전한 보편성을 주지 않는다. "태양은 매일 아침 떠오른다"는 문장은 과거에도 이 법칙의 예외는 없으며, 그래서 우리는 미래에도 그렇게 있을 것으로 믿는다는 의미이다. 그러나 우리는 이 법칙의 예외를 상상할 수 있다. 하나의 판단이 완벽한 보편성으로 진술되면, 예외를 상상하는 것이 불가능하다면, 그것은 선험적이다. 분석판단은 언제나 선험적이다. 구슬치기를 하면서 어린아이가 산수를 배우면 2+2=4라는 걸 알기 위해 경험으로 돌아가서는 안 된다. 이런 판단은 항상 분석적인 반면에 경험적 지식은 종합적이다.

"선험적 종합판단은 가능한가?" 하는 것이 칸트의 핵심적인 질문이었다. 칸트는 위에서 말한 기준을 충족시키는 것으로 보이는 예로써, 이를 증명하고자 했다. 시간과 공간은 순수직관의 선험적 양식이다. 공간의 경우에 대해 그는 다음과 같은 수학적 명제를 제시한다.

첫째: 공간은 외적 경험들에서 도출된 경험적 개념이 아니다. 어떤 감각들은 〈나〉 밖의 어떤 것에 관련될 수 있으므로, 여기에 이미 공간표상은 그 기초에 놓여 있어야 하기 때문이다.

둘째: 공간은 필연적으로 모든 외적 직관의 기초에 놓여 있는 선험적 표상이다. 공간 속에 아무런 대상도 없다고 생각할 수 있으나, 공간이 없다는 표상을 세울 수 없다.

셋째: 공간은 개념적 diskursiver이 아니다. 혹은 사물들의 관계에 관한 일반적 개념도 아니다. 그것은 순수직관이다. 우리는 단지 하나의 공간만 표상할 수 있다. 여러 개의 공간에 대해 말하지만, 그것은 하나 혹은 동일한 보편적 공간의 한 부분을 말할 뿐이다.

넷째: 공간은 무한한 크기로 표상되어 있다. 마치 공간이 표상들의 무한한 양 Menge을 포함하고 있는 것인 양, 개념으로 생각될 수 없다. 그럼에도 불구하고 공간에 대한 원초적 표상은 개념이 아니라 선험적 직관이라고 생각할 수 있다.

이 논지를 여기서 더 이상 끌고 가지는 않을 것이다. 다만 선험적 종합판단을 가능한 것으로 파악하기 위해 칸트가 끌어들인 증명방식의 한 예로써 언급했을 뿐이다. 물리학과 관련하여, 칸트는 시간-공간 문제뿐만 아니라, 인과율, 혹은 실체개념도 선험적인 것으로 보았다. 나중에 그는 물질 보전법칙을 포함하여, 작용-반작용의 동등성, 심지어는 중력법칙에 대해서도 시도했다. '선험'이라는 단어가 절대적인 의미로 사용되어야 할 경우, 오늘날 어떤 물리학자도 칸트를 따르려고 하지 않을 것이다.

칸트의 가르침을 현대물리학의 귀결들과 비교하기 전에, 그의 저술의 다른 부분에 관해서도 언급해야 한다. 칸트철학에서도 여전히 그 당시 경험주의 철학의 동인으로 주어져 있던 사물은 "실제로 존재하는가" 하는 성가신 문제가 제기된다. 논리적으로 일관된 것이라 하더라도, 칸트는 로크, 버클리, 흄의 노선을 따르지 않는다. 그는 〈물 자체 Ding an sich〉라는 개념을 버리지 않는다. 이로써 다양한 감각을 설명한다. 이런 식으로 그는 사실주의와 일정한 연계를 유지했다.

현대물리학과 비교하면, 얼핏 보기에 그의 핵심 개념인 〈선험적 종합판단〉은 금세기의 자연과학적 발견들에 의해 완전히 파괴된 것처럼 보인다. 「상대성이론」은 우리의 시간-공간관을 완전히 바꾸어 버렸다. 상대성이론은 시간-공간에 관한 실로 전혀 새로운 특징을 노정했다. 이것으로는 칸트의 순수직관이라는 선험적 양식을 도저히 볼 수 없다. 양자이론에 있어서 인과율은 고전역학에서처럼 동일한 방식으로 적용되지 않았고, 「물질보전의 법칙」은 기본입자에 대해서는 더 이상 타당치 않다. 칸트가 이런 새로운 발견을 예견할 수 없었던 것은 당연하지만, 자신의 생각이 과학이라 불리는 미래의 모든 형이상학의 기초가 되어야 한다고 확신했기 때문에, 자신의 논지 어디가 잘못되었는지를 살펴보는 일은 재미있다.

예로써 인과율을 보자. "우리가 무엇인가 일어나고 있음을 경험한다면, 그것은 언제나 하나의 법칙에 따라 추론되는 무엇인가가 선행한다고 전제하게 된다"고 칸트는 말한다. 그는 이것이 모든 과학적 탐구의 기초라고 주장한다. 여기서 우리가 선행과정을 〔이 과정으로부터 다른 것이 법칙에 따라 수반되는〕 항상 발견할 수 있느냐 없느냐는 중요하지 않다. 많은 경우에 우리는 이런 과정을 볼 수 있다. 만약 이것이 불가능하다면, 이 선행과정은 무엇으로 있을 수 있는가를 물어보고, 이 과정을 추적할 수 있다. 이리하여 인과율은 아주 간단히 과학적 탐구방법으로 다시 환원된다. 인과율은 과학을 가능케 하는 제1원리로서의 중요성을 갖는다. 우리가 이 방법을 실제에 적용하면, 인과율은 선험적이지 경험에서 도출되지 않는다.

이는 원자물리학에서도 타당한가? 예를 들어 라듐원자는 '알파입자 α - Teilchen' 를 방출한다. 알파입자의 방출시간은 예견될 수 없다. 물리학자는 단지 경험적으로 대충 약 이천 년 후에 이 방출이 시작될 것이라고 말한다. 알파입자의 방출이 관찰되면, 물리학자들은 더 이상 불가피하게 이 과정으로부터 방사를 추적해야 하는 선행과정에 대해 질문하지 않는다. 논리적으로 이런 선행과정을 추적하는 것이 가능하다면, 우리는 지금까지 이 과정이 발견되지 않았다는 사실로 실망할 필요가 없다. 그러면 왜 칸트 이래로 과학적 방법은 이 결정적인 지위를 변경시켰는가?

이에 대해 우리는 두 가지로 대답할 수 있다. 하나는 우리가 실험과 경험으로 양자론의 법칙이 타당하다는 확신에 도달했고, 양자론의 법칙이 타당하다면, 일정시간 동안 이 방사를 추적해야 할 선행과정이란 없다는 사실을 알게 된다. 두 번째 대답은 우리는 선행과정을 알고 있으되, 정확히 알지는 못한다. 아울러 알파입자의 방출의 원동력인 원자핵 속에 있는 힘을 알고 있다. 이 모든 지식은 그러나 원자핵의 다른 세계와의 상호 작용에 기인하는 불확실성을 갖고 있다. 왜 알파입자가 바로 이 순간에 방출되는지 그 이유를 알고자 한다면, 우리를 포함한 전 세계의 미립자 상태를 알아야 한다. 그러나 그건 불가능하다. 그리하여 인과법칙의 선험적 특성에 대한 칸트의 논지는 적용될 수 없다.

우리는 '시공의 직관양식의 선험적 특성' 이라는 논의에 대해서도 이와 비슷한 논의를 전개할 수 있는데, 그 결과는 이와 유사하게 나올 것이다. 칸트가 의심의 여지가 없는 명백한 진리로 보았던 선험적 표상은 현대물리학의 과학체계에서는 더 이상 원래 모습대로 유지되지 못한다.

그럼에도 불구하고 이는 다소 다른 의미에서 과학체계의 중요성을 구성한다. 양자론에 대한 코펜하겐의 해석을 언급하는 자리에서 이미 강조되었듯이, 우리는 실험과정을 설명하기 위해, 좀더 일반적으로 말해, 실험대상에 속하지 않는 세계의 부분에 관해 이야기하기 위해 어쩔 수 없이 고전개념을 사용해야 한다. 시간, 공간, 인과율을 포함해서 이 고전개념의 적용은 사실 원자의 진행과정 관찰에 있어 전제조건이며, 그런 의미에서 이는 철저히 선험적이라 말할 수 있다. 칸트는 이 선험적 개념은 과학의 전제조건일 수 있으되, 당시로는 제한된 적용범위만 갖고 있다는 가능성을 예언하지 않았다. 실험을 하다보면, 원자에서 실험장치를 통해 관찰자의 눈에 이르는 과정에 〈인과의 고리〉를 가정해야만 할 때가 있다. 이 인과의 고리를 전제하지 않으면, 원자의 진행과정에 대해 아무것도 알지 못한다. 그러나 고전물리학과 인과율은 항상 제한된 적용영역을 갖고 있음을 잊어서는 안 된다. 이것이 바로 칸트가 예상하지 못했던 〈양자론의 패러독스〉이다. 현대물리학은 칸트의 선험적 종합판단의 가능성에 대한 논의를 하나의 형이상학적 진술에서 실천적 진술로 변화시켰다. 선험적 종합판단은 그래서 하나의 상대적 진리라는 특징을 가진다.

칸트의 선험을 이런 식으로 재해석할 경우 감각을 〈소여 Das Gegebene〉로서의 사물로 볼 근거가 없어진다. 고전물리학에서와 같이 여기서도 관찰된 결과에 관해서와 마찬가지로, 관찰되지 않은 결과들에 관해서도 동일한 방식으로 말할 수 있다. 실천적 사실주의는 그래서 새로운 해석의 자연스러운 구성요소이다. 칸트는 감각으로는 '물 자체'의 본성에 대해 아무것도 추론할 수 없는 〈물 자체〉에 관해서도 말했다. 바이츠제커도 언급했듯이, 이 주장은 모든 실험이 고전적인 개념을 활용함에도 불구하고 원자라는 대상을 비고전적인 방식으로 다룰 수 있다는 주장과 형식적 유사성을 갖고 있다. 원자물리학자들이 사용하는 〈물 자체〉라는 개념은 하나의 수학적 구조이다. 칸트와는 달리 이 구조는 경험에서 간접적으로 연역된다. 이렇게 달라진 칸트의 아프리오리 a priori는 그것이 인지의 발달을 통해 먼 과거에 형성되었던 것인 한, 경험과 간접적으로 연결되어 있다.

이런 의미에서 생물학자 로렌츠(Konrad Lorenz)는 선험적 개념을 동물에 있어서 선험적 도식이라 불리는 행동양식과 비교한 적이 있다. 원시적인 동물이 지각하는 시간-공간은 칸트의 '시공의 순수 직관적 양식'과는 다르다는 사실은 거의 확실하다. 이 직관양식은 단지 인간종에만 해당될 뿐, 인간과 무관한 세계에는 해당되지 않는다. 그러나 선험이라는 말의 생물학적 논의를 계속 추적하다 보면, 가설적 논의에 빠지게 된다. 여기서는 다만 칸트의 선험이라는 맥락에서 '상대적 진리'라는 표현을 어떻게 적절히 해석할 수 있을까를 보여주는 한 예에 불과하다.

현대물리학은 여기서 아주 광범위한 분야를 다루었던 중요한 철학사상의 결론들을 검토하기 위한 하나의 예, 혹은 하나의 모델로 적용되었다. 데카르트와 칸트철학의 가르침을 다음과 같이 요약할 수 있겠다.

인간과 세계의 상호작용을 통해 형성된 모든 개념과 용어는 그 의미가 분명하게 규정되지 않았다. 즉 세계 속에서 인간의 행로를 밝히는데 이 개념들이 얼마나 도움이 될지 정확히 알지 못한다. 더러는 이 개념들이 인간의 내적, 외적 경험의 광범위한 영역에 적용될 수 있음을 알지만, 적용의 한계가 어디인지 잘 알지 못한다. 이것은 존재, 공간, 시간과 같은 간단하고, 일반적인 개념에만 유효하다. 그러므로 합리적인 사고만으로 절대적인 진리에 도달하기란 결국 불가능하다.

개념은 그 적용이라는 관점에서 아주 엄밀하게 규정되어야 한다. 개념이 모순됨이 없이 수학적 체계로 표현할 수 있는 공리체계나 정의(定意)의 한 부분일 때, 실제로 그렇게 된다. 상호구속적인 개념집단은 어쩌면 경험의 다른 영역에도 적용될 수 있다. 그럴 경우 개념은 이 다른 경험의 장을 통해 우리의 행로를 밝히는데 도움이 될 것이다. 그러나 적용의 한계는 일반적으로 완벽하게 알 수 없을 것이다.

한 개념의 의미는 결코 최상의 엄밀성으로 규정될 수 없다는 사실을 분명히 알고 있을 경우라도 몇몇 개념들은 인간의 과학적 방법을 통합하는 구성요소이다. 개념이란 어쨌거나 먼 과거에서부터 발달해 온 인간 사고의 궁극적 귀결을 나타내는 것이기 때문이다. 어쩌면 이 개념들은 이미 우리들의 방식에 유전되어 있고, 우리 시대에 과학연구를 위해 없어서는 안 될 필수적인 도구이다. 이런 의미에서 그것을 그냥 선험적이라 부를 수 있겠다. 혹시 미래에 보다 구체적인 개념적용의 한계를 밝혀낼는지.

6. 양자론과 자연과학의 다른 분야들과의 관계

이미 여러 번 지적했듯이 자연과학의 개념은 개념들 간의 결합과 관련해서 매우 엄밀하게 규정될 수 있다. 이런 가능성은 최초로 뉴턴의 『원리 Principia』에서 분명해졌다. 바로 이런 이유로 그의 저작은 그 다음 세기 자연과학의 발달에 엄청난 영향을 주었다. 그는 『원리』에서 '완성된 체계'라 할 수 있는 무엇이 생기는 그런 방법으로 서로 결합되어 있는 몇 개의 정의와 공리로써 시작한다. 모든 개념은 수학기호로 표현될 수 있다. 개념들 간의 결합은 이런 기호의 도움으로 수식으로 설명된다. 어떤 체계에 대한 수학적 모사는 체계들 간의 내적 모순이 일어나지 않도록 배려한다. 그리하여 결국 수식이나 방정식의 해답으로 힘에 의한 물체의 운동이 설명된다. 수식으로 기록된 정의나 공리체계는 자연과정의 어떤 특정한 위치나, 특정한 시간에 의존하지 않는, 다른 말로 하면 시공을 초월한, 완전히 보편적인 자연의 영원한 구조에 대한 묘사이다. 다양한 체계 개념들 간의 연계는 너무나 밀접하여, 전 체계를 무너뜨리지 않고는 이 개념의 한 부분만을 변경할 수 없다.

그래서 뉴턴의 체계는 오랜 세월 타당한 것으로 받아들여졌다. 그 이후 사람들은 뉴턴역학을 보다 광범위한 경험계에 적용하는 것이 과학의 과제라고 믿었다. 물리학도 약 200년간이나 이 방향으로 발전해 왔다. 질점(質點)운동이론에서 회전운동, 고체역학으로 이행할 수 있었으며, 유체의 연속운동, 탄성물체의 진동운동을 다루게 되었다. 이 모든 역학은 점차 수학, 특히 미분학과 더불어 발달해 왔고, 실험으로 그 결과가 검증되었다. 음향학, 유체역학도 이제 역학의 한 분야가 되었다. 천문학 역시 뉴턴역학을 잘 적용할 수 있는 분야였다. 수학이 발달하면서 혹성의 운동, 혹은 〈교란(섭동현상 攝動現象)〉을 보다 더 정확히 할 수 있었을 뿐만 아니라, 전기, 자기 영역의 현상이 발견된 후 전자기력은 중력과 비교되었으며, 이의 물체의 운동에 대한 영향이 다시 뉴턴역학의 법칙에 따라 다루어졌다. 19세기에 이르러서는 열은 사실상 물체의 최소입자에 대한 아주 복잡한 통계적 운동으로 이루어져 있다고 생각함으로써, 열이론마저도 역학으로 환원되었다. 수학적 확률론의 개념을 뉴턴역학의 개념과 연결지움으로써, 클라우시우스(Rudolf Clausisus), 깁스(Gibbs), 볼츠만(Ludwig Boltzmann) 등은 매우 복잡한 역학체계에 적용할 때, 뉴턴역학에서 추론된 열이론의 근본법칙은 일종의 통계법칙임을 밝혀냈다.

이 시점까지 뉴턴역학을 통해 제시된 프로그램은 일관되게 수행되어, 광범위한 경험의 영역에 대한 이해를 가능케 했다. 패러데이와 맥스웰이 전자기장에 관한 연구를 내놓았을 때, 뉴턴역학은 최초의 난관에 봉착했다. 뉴턴의 역학법칙에 있어서 중력은 이론적 연구의 대상이 아니라, 일종의 '소여(所與)'로 이해되었다. 그러나 패러데이와 맥스웰의 연구에서는 〈역장 Kraftfeld〉 그 자체가 하나의 연구 대상이었다. 이들은 이 힘의 장이 어떻게 시간-공간의 함수로 변화하는지를 알고자 했다. 그래서 이들은 장(場)이 영향을 미치는 물체에 대한 원초적 운동법칙이 아니라, 장에 대한 운동방정식을 도입했다. 이 변화는 뉴턴역학 이전에 널리 알려져 있던 견해로 되돌려놓았다. 영향은 두 물체가 충돌이나 마찰로 접촉할 때, 비로소 한 물체에서 다른 물체로 전이될 수 있었다. 뉴턴은 이에 반대해서 멀리 떨어져서 영향을 주는, 말하자면 중력과 같은 힘을 가정함으로써, '힘의 전달'을 물리학에 끌어들였다. 〈중력장이론〉에서 힘의 작용은 언제나 한 점에서 인접한 다른 점으로 전이 된다고 하는 낡은 생각으로 돌아갔다. 수학적 표현으로 나타내고자 할 때, 장의 상태를 미분방정식으로 표현할 필요가 있었다. 힘의 작용은 증명되었고, 그래서 맥스웰이 자신의 공식으로 제시한 전자기장에 대한 설명은 장 혹은 역장에 대한 만족할 만한 해답으로 보였다. 이는 당시 뉴턴역학으로 규정되어 있던 프로그램을 사실상 바꾸어 버렸다. 뉴턴의 공리나 정의는 물체나 물체의 운동에 관련되어 있었으나, 맥스웰의 이론은 뉴턴 이론에 있어서 물체와 동일한 현실성을 가진 역장을 획득했다.

이 새로운 해석도 처음부터 이의 없이 받아들여지진 않았다. 우리의 현실에 대한 표상의 변화를 막기 위해 전자기장을 탄성운동을 하는 용수철로 맥스웰 이론의 광파는 탄성 물체의 음파와 비교하고자 시도했다. 그래서 물리학자들은 맥스웰의 방정식은 〈에테르〉라고 불렀던 탄성 매개물에 있어서의 변형과 관련된다고 생각했다.

〈에테르〉라는 말은 이 탄성 매개물이 다른 물질 속으로 침투하고 보이지도, 느끼지도 못할 만큼 가볍고 얇다는 것을 설명하기 위해 그냥 주어진 이름이다. 이런 설명은 왜 빛에서 종파(縱波)가 없는지 파악할 수 없다는 점에서 그렇게 만족할 만한 것이 못 되었다.

다음 절에서 논의될 주제인 상대성이론은 드디어 반 강제적으로 〈에테르 개념〉은 맥스웰 방정식에 연관된 하나의 실체로 보아서는 안 된다는 사실을 보여주었다. 이 주장과 관련된 자세한 논의는 여기서 길게 하지 않겠다. 결과만 말하자면, 결국 우리는 장이란 하나의 독립된 실체로 보아야 한다는 것이다. 「특수상대성이론」의 더욱 놀라운 사실은 그때까지 알려지지 않았었고, 뉴턴역학에는 없던, 시간-공간의 새로운 성질의 〔정확히 말해, 시간과 공간의 관계에 대한〕 발견이다.

이 엄청난 변화의 상황에서 물리학자들은 뉴턴역학은 이제 완전히 반증되었으며, 최초의 실재는 물체가 아니라 장이다. 공간-시간의 구조는 뉴턴의 공리가 아니라, 로렌츠, 아인슈타인의 공식으로 쓰는 것이 타당하다. 뉴턴역학은 많은 경우 적절한 접근방식으로서만 유효할 뿐이며, 자연의 위치를 보다 적확하게 서술하기 위해, 이제 고쳐져야 한다는 등의 성급한 결론에 도달했다. 양자론의 일반적인 관점에서 보면, 이런 주장은 실제적인 문제 상황에 대한 아주 적절치 못한 서술로 간주되어야 한다. 왜냐하면 첫째 이런 주장은 장을 측정하기 위한 모든 실험이 뉴턴역학의 적용에 근거하고 있다는 사실을 간과하고 있으며, 둘째 뉴턴역학은 개선될 수 있는 게 아니라, 완전히 다른 것으로 대체될 뿐이기 때문이다.

양자론은 사태를 다음과 같은 말로 적절히 기술할 수 있음을 가르쳐준다. 즉 뉴턴의 역학개념이 자연과정의 서술에 적용될 수 있는 곳에서, 그의 법칙은 언제나 정확히 맞아떨어지게 개선될 수 없다. 전자기적 현상은 그러나 그의 역학개념으로 측정되고 적절히 설명될 수 없다. 그래서 전자기장과 광파 그리고 그의 이론적 분석에 관한 실험은 맥스웰, 로렌츠, 아인슈타인을 통해 하나의 새롭고 완성된 〔수학기호로 설명될 수 있는〕 정의, 공리, 완결된 개념체계로, 아울러 이런 방식으로 뉴턴 체계와는 본질적으로 상이하지만, 모순되지 않은 하나의 완성된 체계로 유도되었다.

뉴턴 이후 과학연구에 수반되었던 희망마저도 이제는 변해야 한다는 결론이 나온다. 과학의 진보란 알고 있는 바와 같이 분명 새로운 현상을 설명함에 있어, 늘 알려진 자연법칙만을 적용함으로써 이루어지는 것은 아니다. 어떤 경우 새롭게 관찰된 현상은 당시 뉴턴의 개념이 역학모델에 적응하는 방식과 마찬가지로, 새로운 관찰결과에 부합하는 새로운 개념을 통해서만 이해될 수 있었다. 새로운 개념은 다시 하나의 완성된 체계에 연결되고, 수학기호로 서술된다. 그러나 물리학 혹은 자연과학 일반의 발달이 이런 식으로 진척되었다면, '다양한 개념체계들 간의 관계는 무엇인가?' 라는 질문이 제기된다. 예를 들어 동일한 개념이나 용어가 두 상이한 체계에 쓰이거나, 상호관계가 다르게 규정될 때, 우리는 이 개념이 '실재'를 설명한다고 말할 수 있을까?

이 문제는 이미 〔특수상대성이론〕이 발견되었을 때 제기되었다. 시간-공간 개념은 뉴턴역학에도 속하고, 상대성이론에도 속한다. 그러나 그것은 뉴턴역학에서는 서로 독립적인 반면, 상대성이론에서는 〈로렌츠변형 Lorentz-Transformation〉을 통해 서로 연결되어 있다. 이 특별한 경우에서 사람들은 상대성이론의 주장은 어떤 좌표계의 모든 속도가 광속보다 작은 극단적인 경우, 뉴턴역학으로 접근한다고 주장할 수 있다. 이로부터 뉴턴역학의 개념은 광속과 비교될 수 있는 속도가 문제가 되는 과정에 적용될 수 없다는 결론을 내리게 된다. 이런 식으로 사람들은 결국 뉴턴역학의 개념적용에서 완결된 개념체계 혹은 역학체계에 대한 관찰에서 볼 수 없었던 근본적인 한계를 발견했다.

그래서 두 가지 상이한 〈완결된 개념체계〉 간의 관계는 항상 매우 신중한 연구가 필요하다. 이런 완결된 개념체계 혹은 그 가능한 관계에 대해 논의하기 전에 지금까지 물리학에서 규정되고, 완성된 개념체계들은 어떤 것이 있는지 잠깐 살펴보기로 하자. 지금까지 그 최종형태가 발견된 것으로 네 가지의 중요한 개념체계를 들 수 있다.

첫째는 이미 말했듯이 뉴턴역학이다. 이는 모든 역학적 과정, 유체의 운동, 물체의 탄성진동을 설명하는데 적합하다. 이는 음향학, 정력학, 항공역학, 유체역학을 포함하고 있다. 아울러 천문학도 별의 운동을 관찰하는 것일 때, 여기에 속한다.

둘째, 19세기에 열이론과 관련하여 하나의 완결된 개념체계가 형성되었다. 열이론은 통계역학의 발달을 통해 역학과 연결될 수 있었지만, 그것은 확실히 역학의 한 분야가 아니다. 왜냐하면 현상학적 열이론은 최소한 물리학의 다른 영역에서, 말하자면, 열, 특수열 엔트로피, 자유에너지 등과 같은 대상도 갖지 않는 모든 개념을 전부 이용하기 때문이다. 이런 현상학적 설명에서 통계학적 설명으로 넘어가면, 열을 통계적으로 물질의 원자구조에 따라 조건 지워진 무수한 체계의 〈자유도 Freiheitsgrad〉에 분포되어 있는 에너지로 다루면, 열이론은 전기역학이나 물리학의 어떤 다른 분야에 비해 오히려 역학과 무관하다. 열이론의 통계학적 해석의 중심개념은 현상학적 이론의 엔트로피개념과 밀접하게 연관되어 있는 확률개념이다. 이것 말고도 통계적 열이론에서는 에너지개념도 아주 결정적인 역할을 한다. 물리학에 있어서 통일되고 모순 없는 공리나 개념체계들은 각각 필연적으로 에너지, 운동량, 〈각운동량 Drehmoment〉이라는 개념 및 일정한 외적 조건 하에서 이 크기는 보존되어야 한다는 규정을 포함해야 한다. 정확한 탐구가 보여주듯이, 후자〔크기의 규정〕는 완결된 체계가 마치 수학자가 표현하는 것처럼, 시간-공간에 구속되지 않은 자연의 특성을 서술할 경우, 즉 시간-공간의 전이에 대해, 공간에 있어서의 회전에 대해, 혹은 갈릴레이 변형, 로렌츠 변형에 대해서도 불변한 특성이 나타난다. 그래서 열이론은 물리학의 다른 어떤 개념체계와 연결될 수 있다.

세 번째 체계 역시 전자기적 현상에서 도출되는데, 그 최종적인 형태는 로렌츠, 아인슈타인, 민코프스키(Hermann Minkowski)의 연구로 20세기의 초반 10년간에 이루어졌다. 이는 전기역학, 「특수상대성이론」, 광학, 자기학을 포괄할 뿐 아니라, 드 브로이(de Broglie)의 물질과 이론, 모든 종류의 기본입자에 관한 이론도 여기에 포함시킬 수 있다. 그러나 슈뢰딩거의 파동설은 여기에 속하지 않는다.

네 번째 체계가 바로 양자론이다. 이 문제는 이 책의 처음 두 장에서 자세히 설명했다. 이의 중심개념은 확률함수 혹은 수학적으로 말해 〈통계적 메트릭스 statistische Matrix〉이다. 이 체계는 양자역학과 파동역학, 원자분광설, 화학, 전도력 혹은 〈철자기학 Ferromagnetismus〉과 같은 물질의 특성에 관한 이론들을 모두 포함한다.

이들 네 체계 간의 관계는 아래와 같이 나타낼 수 있다. 첫 번째 체계는 광속이 무한히 큰 것으로 고려될 수 있는 극한의 경우 세 번째에 포함되고, 플랑크의 〈작용입자 Wirkungsquantum〉가 무한히 작은 것으로 간주되는 극한의 경우 네 번째에 속한다. 첫 번째와 세 번째의 부분들은 실험을 설명함에 있어서 하나의 선험적 기초로서 네 번째에 속한다. 두 번째 체계는 나머지 세 체계와 무리 없이 연결될 수 있고, 특히 네 번째와의 연결이 중요하다. 세 번째와 네 번째의 독립적 존재는 다섯 번째 〔여기서 첫째, 셋째, 네 번째를 극한의 경우로 포함할〕 개념체계의 존재에 대한 상상을 불러일으킨다. 이 다섯 번째 체계는 어느 날 기본입자 이론과 관련하여 발견될 것이다.

완성된 개념체계의 나열에서 우리는 「일반상대성이론」을 빼버렸는데, 아직 그 완결된 양식이 발견되지 않고 있기 때문이다. 그러나 이는 여기 열거한 네 체계와는 명백히 구분되어야 할 것이다.

지금까지 네 가지 개념체계에 관해 간단히 고찰했다. 이제 우리는 '이런 공리-정의체계의 특성은 무엇인가' 라는 일반적인 질문으로 돌아가 보자. 가장 중요한 특성은 무엇보다도 이 체계에 대해 모순됨이 없는 하나의 수학적 서술을 찾을 가능성이다. 이런 서술은 체계 그 자체가 아무런 내적 모순도 없음을 보장한다. 나아가서 이 체계는 모든 경험영역을 서술하는데 적합해야 하고, 관찰된 영역에 있어서의 현상의 엄청난 다양성은 방정식과 같은 수식으로 풀리는 무수히 많은 해답과 일치해야 한다. 경험계의 한계는 일반적으로 이런 개념에서 도출되지 않는다. 이 개념들은 이들의 가능한 결합과 관련해서 엄격하게 정의되어 있지만, 자연과의 관계라는 맥락에서는 그렇게 엄격히 정의되어 있지 않다. '개념의 적용가능성의 한계' 는 경험적으로, 즉 어떤 개념이 일정한 지점부터는 관찰된 현상을 완벽하게 서술하는데 충분치 않다는 사실에서 발견되어야 한다.

오늘날 물리학이 수행하는 개략적인 구조분석을 마치고, 물리학과 자연과학의 다른 분야들 간의 관계를 보기로 하자. 물리학의 가장 가까운 인접학문은 화학이다. 실로 이 두 학문은 양자론에서 하나로 통일되어 있다. 100년 전만 해도 둘의 연구방법은 상이했고, 화학의 개념들은 물리학에서 그 대응개념이 없었을 만큼, 동떨어진 학문이었다. 원자가라든가 활동도, 수용성, 휘발성이라는 개념은 질적인 특성을 가지고 있었다. 그래서 화학은 그 당시 엄밀과학으로 취급되지 않았다. 지난 세기 중반, 열이론이 발견되었을 때, 이를 화학적 과정에 적용하려는 노력이 시작되었다. 이때까지 이 분야에 대한 과학적 연구는 언젠가는 화학법칙을 원자역학에 적용할 날이 올 거라는 희망으로 규정되어 있었다. 그러나 뉴턴역학의 범주 내에서 이는 불가능함이 증명되었음을 알아둘 필요가 있다. 화학법칙의 양적 설명을 위해서는 원자물리학에 대한 많은 개념체계를 공식화해야 하는데, 이것은 원자물리학 뿐만 아니라, 화학에 뿌리를 두고 있는 양자론에서 완성되었다. 이는 화학법칙이 원자의 뉴턴역학에 그렇게 간단하게 적용될 수 없음을 말해준다. 왜냐하면 화학원소는 그 반응에 있어서 역학체계에는 완전히 결여되어 있는 안정성의 정도를 보여주기 때문이다. 1913년 보어의 원자설에서 이런 관점은 비로소 분명히 이해되었다. 궁극적인 귀결로써 화학개념은 역학개념에 대해 어느 정도 상보적이라고 확정할 수 있다. 하나의 원자는 그 화학적 상태를 규정하는 '가장 아래에 놓인 안정상태' 에 있다는 사실을 알면, 동시에 원자 속의 전자의 운동에 대해 말할 수 없다.

오늘날 생물학과 물리학, 화학에 대한 관계는 100년 전의 화학과 물리학의 관계와 유사하다. 생물학의 탐구방식은 물리학이나 화학의 그것과 매우 다르다. 생물학의 개념들은 엄밀한 자연과학의 그것보다 훨씬 질적인 특성을 지니고 있다. 생명, 유기체, 세포, 유기체의 작용, 감각 등의 개념은 물리학이나 화학에 대응개념이 없다. 반면 지난 100년간 생물학이 이룩한 중요한 진보는 물리학, 화학을 유기체에 적용함으로써 가능했다. 오늘날 생물학의 주된 경향은 생물학적 현상을 물리적, 화학적 법칙의 기초 위에서 설명하고자 하는 데로 가고 있다. 이런 희망이 정당화될 수 있을까?

화학이 그전에 그랬듯이, 사람들은 모든 유기체는 일정한 정도의 안정성을 보이고 있고, 또 그것은 다양한 분자로 구성된 복잡한 구조로 나타나며, 확실히 물리적, 화학적 법칙의 근거 위에 있지 않다는 사실을 간단한 생물학적 경험을 통해 얻는다. 그래서 생물학적 현상을 완전히 이해하기 전에 물리-화학의 법칙성에 무엇인가가 첨가되어야 한다.

이런 질문에 관해 생물학 저술에는 종종 두 가지 완전히 다른 관점이 나타났다. 하나는 〈현대 유전학〉과 결합하는데 있어서 다윈(Charles Darwin)의 〈진화론〉에 관련되어 나타난다. 이 이론에 따르면 생명을 이해하기 위해 물리학이나 화학에 첨가해야 될 유일한 개념은 '역사개념'이다. 지구가 형성된 이래 40억 년이라는 어마어마한 시간은 자연이 분자집단의 거의 무한정한 구조의 다양성을 시험해볼 가능성을 주었다. 이런 구조 중에서 이중분열을 하는 몇 가지가 생겨났다. 이 구조물은 주변 물질로부터 더 작은 집단을 마음대로 활용함으로써 무수히 많은 수효로 생성되었다. 때때로 구조 속에서 우연한 변이는 기존의 구조물의 다양성을 더욱 가속시키기도 했다. 다양한 구조물은 주변의 물질로부터 더 많이 빼앗기 위해 경쟁관계에 빠진다. 유기체의 진화는 다윈의 〈자연도태〉, 〈적자생존〉을 통해 완수된다. 이 이론의 대부분은 분명 진리임을 의심할 수 없다. 많은 생물학자들은 생물학적 현상을 설명하기 위해서는 완결된 물리학, 화학의 개념체계에다 역사개념 혹은 진화개념을 첨가하는 것으로 충분하다고 주장한다. 가끔 이 이론을 옹호하여 등장하는 논지의 하나는 물리학, 화학의 법칙이 검토될 수 있는 곳이면 어디든, 이 법칙은 유기체 내에서 항상 타당한 것으로 밝혀질지도 모른다고 주장한다. 그것은 물리학에서 말하는 힘과는 분명히 다른 어떤 특정한 생명력을 간섭할 여지가 없어 보인다.

반면에 바로 이 논지는 양자론으로 인해 상당 부분 그 타당성을 상실했다. 물리학과 화학의 개념은 일관되고 모순 없는 체계를 〔즉 양자역학의 계(界)〕 구성하고 있기 때문에, 개념이 현상의 서술에 적용될 수 있기만 하면, 어디서나 이 개념과 연결된 법칙은 언제나 타당해야 한다는 필연성을 수반한다. 유기체를 물리적, 화학적 체계로 간주하면, 비로소 생물학의 법칙 역시 위에 설명한 것처럼 그럴 것이다. 물리학이나 화학적 개념이 유기체의 "완전한" 설명을 가능케 하는가를 물어봄으로써, 이 해석의 정당성은 검증된다. 아니라고 대답하는 생물학자들은 주로 아래에서 설명할 두 번째 해석에 의지하려고 한다.

두 번째 해석은 다음과 같은 식으로 바꾸어 설명될 수 있다. 감각, 유기체의 작용, 정향성 등등의 개념이 〈역사〉라는 개념과 결부되기만 하면, 양자론의 완성된 개념체계에 속한다고 상상하기 어렵다. 반면에 이 개념들은 의심할 바 없이 생명을 완벽하게 서술하는데 필수적이다. 인간을 이런 고찰에서 제외해 버리면, 생물학의 맞은편에서 또 다른 문제가 생긴다. 그래서 그것은 생명의 과정을 이해하는데 있어서, 또 양자론을 넘어 하나의 새로운 개념체계를 〔언젠가는 물리학이나 화학도 이 체계의 극한의 경우로 속할 뿐인〕 세우는 것이 필연적인 것인지도 모른다. 이 새로운 개념체계에서는 감각, 순응, 정향성 등의 개념과 더불어 〈역사〉도 이런 체계의 중요한 부분일 것이다. 이런 해석이 맞다면, 유기체의 생명을 설명하기 위해 다윈의 이론을 물리학이나 화학에 연결하는 것은 적절치 못하다. 그러나 유기체 역시 포괄적인 영역에서는 물리적-화학적 체계로 〔데카르트나 라플라스(Laplace)가 말했듯이 하나의 기계로〕 볼 수 있음은 여전히 타당할지도 모른다. 유기체를 기계로 보면, 유기체는 기계와 같은 행동을 취할 것이다. 동시에 우리는 보어가 제안한 것처럼 세포가 살아 있다는데 대한 우리의 지식은 어쩌면 세포의 분자구조에 대한 완전한 이해에 상보적이라고 상상해볼 수 있다. 세포구조에 대한 완전한 지식은 확실히 세포의 생명을 파괴하는 수술을 통해서만 알 수 있기 때문에, 생명은 근본이 되는 물리-화학적 구조의 완전한 규정을 제외하고 있다는 것이 논리적으로 가능하다. 이 두 번째 해석을 타당한 것으로 간주하더라도, 생물학 연구를 위해 우리가 제시할 수 있는 것은, 지난 수십 년간 성취했던 방법 말고 다른 방법이 없다는 것이다. 우리가 할 수 있는 일이란 가능한 한 이미 알려져 있는 물리-화학법칙의 기초 위에서 이를 많이 설명하려고 노력해야 하고, 유기체의 반응을 아주 신중히, 이론적 편견 없이 서술해야 한다.

앞서 논의한 첫 번째 해석은 두 번째 해석에 비해 현대 생물학자에 의해 널리 지지받고 있다. 오늘날 활용 가능한 경험자료는 이들 두 가지 해석을 결정적으로 구분하기에 충분치 않다. 많은 생물학자들이 첫 번째 해석을 선호하는 데는 지난 세기까지 인간 사고에 깊이 영향을 끼쳤던 데카르트적 구분의 간접적인 귀결일지도 모른다. 〈생각하는 것〉은 인간에, 즉 〈나〉에 국한되어 있기 때문에 짐승은 영혼을 가질 수 없고, 그것은 〈연장하는 것〉에 속한다. 이로써 우리는 짐승을 일반적인 사물과 마찬가지로 이해할 수 있고, 짐승의 행태를 설명하는데 역사개념과 더불어 물리학-화학의 법칙만으로 충분해야 할 것이다. 〈생각하는 것〉이 관찰에 포함될 경우에만, 데카르트에 의하면, 완전히 새로운 개념을 필요로 하는 새로운 상황이 파생한다. 그러나 데카르트의 구분은 위험한 단순화이고, 그래서 두 번째 견해가 타당함이 가능해진다.

아직 결정될 수 없는 문제는 제쳐 놓고라도, 일관되고 모순 없는 개념체계로 생물학적 현상을 서술하기에는 아직 멀었다. 생물학의 엄청난 복잡성은 사람들을 의기소침하게 만드는데, 수학적 설명 같은 하나의 일관된 체계를 어떻게 세울 수 있을까 하는 생각은 아직 엄두도 못 내고 있다.

생물학을 넘어 심리학을 화제로 삼으면 물리학, 화학 혹은 진화론의 개념이 심리학의 문제를 설명, 기술하기에는 아직 충분하지 않다는 사실에는 의심의 여지가 없다. 이런 점에서 양자론은 19세기 인간의 세계관을 완전히 뒤바꾸어버렸다. 그때까지만 해도 몇몇 학자들은 심리학적 현상도 결국에는 인간의 뇌에 관한 물리학, 화학으로 설명될 수 있을 것으로 믿었다. 그러나 양자론의 관점에서 보면 이런 가정을 받아들일 어떤 근거도 없다. 뇌 속의 물리적 과정이 심리적 현상에 속한다 할지라도, 물리적 과정만으로 이를 설명할 수 있다고 상상할 수 없다. 물론 인간의 뇌도 물리-화학적 메커니즘으로 구성되어 있다. 하지만 심리적 현상을 이해하기 위해서는 인간정신은 대상이면서 동시에 한 주체로써 심리학 연구에 참여한다는 사실에서 출발해야 한다.

앞에서 언급한 네 가지의 완성된 개념체계를 돌이켜보면, 그것은 이미 과거에 체계화되었지만, 미래에도 역시 부단한 과학적 탐구를 매개로 하여 세계로 향하는 우리의 길을 열기 위해 마련되었다고 볼 수 있다. 이 개념체계들은 주관적 요소의 증가에 따라 개념체계 속에 배열됨을 알 수 있다. 고전물리학은 일종의 이상화로써 세계를 인간과는 별도로 완전히 〈독립된 무엇〉이라고 말한다. 처음 세 개념체계는 이 이상화와 일치한다. 그중 첫 번째 개념체계는 칸트의 〈선험〉과 완전히 일치한다. 네 번째 체계〔양자론〕에서 비로소 인간은 자연을 향한 질문, 그리고 〈인간적 자연과학〉의 선험적 개념 속에서 제기되어야 하는 질문을 통해 과학의 주체로 등장한다. 양자론은 자연에 대한 완전히 객관적인 서술을 허용하지 않는다. 생물학에서 질문은 종으로서의 인간에 〔인간 역시 유기체의 일부이다〕 의해 제기된다. 이는 완전한 이해를 위해 보다 중요한 것으로 증명될 지도 모른다. 환언하면 우리는 굳이 과학적으로 규정하기 전에 이미 생명이 무엇인지 알고 있다. 그러나 우리는 아직 성립되지 않은 개념체계의 가능한 구조에 관해 사변에 빠져서는 안 된다.

이런 배열을 초기 자연과학시대의 낡은 분류법과 비교하면, 지금 우리는 세계를 이런저런 〈대상들의 집단〉으로 분류하지 않고, 상이한 '결합의 집단'으로 분류하고 있음을 알 수 있다. 초기 자연과학시대에서는 광물, 식물, 동물, 인간으로 구분했다. 이 대상은 그 집단에 따라 상이한 자연계로부터 관찰되었고, 상이한 물질로 구성되었으며, 또 다른 힘에 의해 각각의 상태가 결정된다고 여겨졌다. 그러나 이제는 만물의 궁극은 항상 동일한 물질, 동일한 많은 종류의 화학적 결합임을 알고 있다. 이 화학적 결합에 동물이나 식물과 마찬가지로 광물에도 포함되는, 모든 임의의 대상이 포함될 수 있다. 물질의 상이한 부분들 간에 작용하는 힘 역시 근본적으로 대상에 따라 구분되지 않는다. 실로 구분할 수 있는 것은 어떤 나타남〔현상〕에 있어 항상 가장 중요한 위치를 점하는 결합양식일 뿐이다. 화학적 힘의 작용을 이야기할 때, 우리는 곧바로 뉴턴역학에서 말하는 것과는 다른, 아주 복잡한 화학적 결합의 한 양식을 생각하게 된다. 세계는 그래서 과정들로 짜여진 편직물 같은 것이다. 이들은 무수히 많은 결합이 서로 뒤섞이고, 얽히며, 상호 작용하여 직물의 구조를 형성한다.

수학적 체계로 서술될 수 있는 일관된 개념, 공리, 정의, 법칙의 체계로 하나의 결합집단을 서술한다는 것은 실제로는 이 〈결합집단〉을 고립시키는 것이고, 과학적 구명이라는 목적으로 이를 이상화하는 것에 불과하다. 그러나 확고한 명증성에 도달했다 하더라도, 이 개념체계가 얼마나 정확히 현실〔실재〕과 부합하는가는 영원히 알 수 없는 것이다.

우리는 이 이상화를 세계와 인간들 간의 교호를 통해 형성된 인간언어의 한 부분이라고, 혹은 자연의 요청에 대한 인간의 대답이라고 말할 수 있다. 이런 관점에서 이상화를 다양한 건축이나 음악과 같은 예술양식과 비교해볼 수 있다. 하나의 양식은 특정한 예술이 활용하는 물질에 적용된 규칙체계라고 말할 수 있다. 여기서 규칙이란 엄밀한 의미에서 수학적 개념체계 혹은 수식으로 서술될 수 없지만, 그 근본요소는 수학의 근본요소 혹은 수학적 자연설명과 매우 유사하다. 일치와 불일치, 반복과 대칭, 혹은 건축에서의 집단구조는 수학에서와 마찬가지로 예술에서도 근본적인 역할을 한다. 예술사조라 불리는 하나의 형식적 체계를 발전시키기 위해, 즉 간단한 양식에서 그 완성을 의미하는 복잡하고, 화려한 양식으로 이끌어가기 위해서는 몇 세대 동안의 작품이 필요하다. 예술가의 관심은 결정화과정에 집중되어 있다. 여기서 예술의 자료는 예술가의 활동을 통해 다양한 양식으로 수용된다. 이 양식들은 예술사조의 최초의 형식적 개념에 자극을 받아 등장한다. 완성된 후에 관심은 소멸해야 한다. 왜냐하면 '관심'이라는 단어는 '그 옆에 함께 있다', 즉 삶의 과정에 참여함을 의미하기 때문에, 이 과정이 그 마지막에 이르면 관심도 사라진다. 여기서 사조의 규칙이 예술에서 말하는 저 삶의 현실성을 얼마나 구체적으로 말해주는가는 형식적인 규칙 그 자체로 결정될 수 없다. 예술은 항상 이상화에 초점을 맞추고 있다. 이상은 현실 (적어도 플라톤이 말했던 그림자의 현실)과는 다르다. 그럼에도 불구하고 이상화는 이해의 필수적인 전제조건이다.

예술사조를 인간 정신의 자의적인 산물로 볼 경우, 자연과학의 개념체계와 다양한 예술사조의 비교는 너무 빗나가는 것처럼 보일지도 모른다. 자연과학의 개념체계는 자연이 우리에게 가르쳤던 바, 객관적 현실을 서술한다. 그래서 전혀 임의적이지 않고, 반대로 점점 누적되어 가는 자연에 대한 실험적 지식의 필연적 귀결을 설명한다고 주장할 수 있을 것이다. 모든 자연과학자들이 이 말에 동의할 것이다. 그러면 모든 예술사조는 인간 정신의 자의적인 산물인가? 여기서 우리는 데카르트적 구분에 빠져들어서는 안 된다. 예술사조는 세계와 인간의, 정확히 말해 예술가와 시대정신의 교호의 산물이다. 시대정신은 자연과학적 사실 못지않게 객관적 사실이다. 이 정신은 시대와는 독립해 있는 세계의 일정한 특성을 나타내준다. 그래서 예술은 영원하다는 말이 가능한 지도 모르겠다. 예술가는 자신의 작품 속에서 세계의 특성을 이해할 수 있는 무엇으로 만들고자 시도한다. 그러는 사이에 예술가는 하나의 사조로 유도된다.

그래서 과학과 예술의 과정은 그렇게 다르지 않다. 과학과 예술은 긴 세월동안 인간의 언어를 만들었고, 그로 인해 우리는 현실에서

저 멀리 떨어진 부분들에 대해서도 말할 수 있지 않은가! 예술사조와 마찬가지로 일관된 개념체계 역시 인간 언어 속에 있는 상이한 언어군에 다름 아니다.

7. 상대성이론

현대물리학에서 상대성이론은 항상 중요한 역할을 해왔다. 이는 최초로 물리학의 근본원리의 변경이 필연적이라는 사실을 보여주었다. 상대성이론에 의해 제시되었거나, 또 그것에 의해 부분적으로 해소되었던 문제의 논의는 근본적으로 현대물리학의 철학적 문제이다. 어떤 의미에서 문제점에 대한 궁극적인 인식에서 그 해결책으로의 상대성이론의 발달은 양자론과는 달리 비교적 짧은 시간에 이룩되었다고 말할 수 있다. 1904년 몰리(Morley)와 밀러(Miller)가 '미첼슨(Albert Michelson) 실험' 을 반복한 결과 광학적 방법으로 지구의 선형운동을 증명하는 것이 불가능함을 처음으로 증명해 주었다. 아인슈타인의 결정적인 연구는 그 후 2년도 못 되어 나왔다. 반면에 이들의 실험과 아인슈타인의 연구는 '운동하는 물체의 전자기학' 이라는 주제 하에 이미 오래전부터 시작된 발전의 마지막 단계에 불과했다.

운동체의 전자기학은 전기모터의 발명 이후 물리학과 기술분야의 중요한 영역이었다. 맥스웰이 광파의 전자기적 성질을 발견했을 때, 이 분야에 정말로 심각한 문제가 제기되었다. 왜냐하면 이 파동은 다른 것, 예를 들어 음파와 같이 오래 전에 밝혀진 파동과는 근본적인 특징부터가 달랐기 때문이다. 광파는 진공에서도 전파될 수 있다. 진공상태인 통 속에서 방울을 울리면 소리는 당연히 밖으로 나오지 않는다. 그러나 빛은 쉽게 진공상태를 통과한다. 그래서 사람들은 광파는 볼 수도, 느낄 수도 없는 에테르라고 하는 매우 가벼운 물질 속에 있는 〈탄성파동〉이라고 생각했다. 에테르는 진공뿐만 아니라, 공기나 유리와 같은 물질로 채워진 공간에도 있다. 당시 물리학자들은 아직 전자기파가 물체와는 상관없이 그 자체의 고유한 실재를 갖는다는 생각을 하지 못했다. 에테르라는 이 가설적 물질이 다른 물체로 들어갈 수 있다는 사실로부터 '물질이 운동하면 무엇이 일어나는가' '에테르는 이 운동에 간여하는가?' '간여한다면, 광파는 운동하는 에테르 속에 어떻게 전파되는가?' 등등의 질문이 제기되었다.

이런 질문에 대답하기 위한 실험은 물체의 운동속도가 주로 광속에 비해 굉장히 작기 때문에 매우 힘들다. 그래서 물체의 운동은 매우 작은 영향을 미친다. 이 효과는 물체의 속도와 광속도와의 관계, 혹은 이 관계보다 큰 승수(乘數)에 대해 비례한다. 〔즉 상대속도에 비례한다. 상대속도란 물체의 속도의 광속도에 대한 比를 말함〕. 윌슨(Wilson), 롤란드(Henry Augustus Rowland)〈뢴트겐(Wilhelm Rontgen), 아이헨발트(Eichenwald), 그리고 피초우(Hippolyte Fizeau)의 실험은 이것과 정확히 일치하는 효과를 계측했으며, 〔원문에는 '이 관계의 1乘과 일치하는' 으로 되어 있음〕 1985년 로렌츠가 발견한 전자기학이론 역시 이 효과에 대한 만족할 만한 설명을 내놓았다. 그러나 미첼슨, 몰리, 밀러의 실험으로 새로운 상황이 전개되었다.

이들의 실험을 하나하나 다루어 보기로 하자. 보다 큰 효과와 보다 정확한 결과를 구하기 위해 매우 빨리 움직이는 물체를 실험해 보는 것이 적합할 것이다. 지구는 태양 주위를 초속 30km로 돌고 있다. 에테르가 태양에 대해 상대적으로 정지해 있거나, 지구와 같이 운동하지 않으면, 지구 위의 우리는 지구에 대해 상대적인 에테르의 빠른 운동을 광속의 변화로서 감지해야 할 것이다. 그럴 경우 우리는 광속이 지구의 공전 방향으로 전파되느냐, 이 방향과 수직으로 전파되느냐에 따라 상이한 광속치를 가지게 된다. 에테르가 지구와 같이 움직인다 하더라도, 역시 같은 효과를 가질 수 있다. 왜냐하면 소위 에테르 바람이라는 게 있다면, 이 효과는 분명 실험이 수행되는 곳의 해발에 상관되어 있어야 할 것이기 때문이다. 이 경우 효과는 지구의 공전속도의 광속에 대한 관계의 제곱에 비례하는 것으로 〔이는 〔v/c〕2로 표시된다〕 증명되기 때문에, 계산에 의하면 이 기대되는 효과는 매우 작아야만 했다. 그래서 우리는 하나는 지구의 공전에 평행하게, 다른 하나는 수직으로 진행하는 두 광선의 간섭에 관해 조심스럽게 실험해야 한다. 1881년 미첼슨에 의해 최초로 시도된 이런 실험은 그렇게 정확하지 못했을 뿐만 아니라, 그 후로 반복된 실험에서도 기대했던 효과를 보여주지 못했다. 1904년의 몰리와 밀러의 아주 정확한 실험은 기대했던 크기의 〔10^{-8}의 크기〕 효과가 없음을 보여주는 결정적인 증거였다.

이 결과는 이해할 수 없는 것으로 보였지만, 그전부터 물리학자들 간에 논의되어 오던 또 다른 문제를 유발했다. 뉴턴역학에서도 일종의 상대성원리가 타당했던 바, 그것은 다음과 같이 쓸 수 있다. 일정한 기본좌표계에서 물체의 기계적 운동이 뉴턴의 역학법칙을 만족시킨다면, 이 기본좌표계에 대해 상대적으로 일정한 선형운동을 하는 다른 어떤 좌표계에서도 역시 유효하다. 일정한 선형운동은 이 좌표계에서 아무런 역학적 효과도 야기하지 못하고, 그런 효과를 통해서는 결코 관찰될 수 없다.

물리학자들은 이런 상대성원리는 광학이나 전자기학에서는 타당하지 않다고 본다. 왜냐하면 첫 좌표계가 에테르에 대해 상대적으로 정지해 있는 반면, 운동하는 좌표계에 대해서는 정지해 있지 아니하다면, 우리는 이 두 번째 좌표계의 운동을 미첼슨이 시도했던 바와 같이 이런 종류의 효과를 통해 에테르가 상대적으로 관찰될 수 있어야 하기 때문이다. 몰리와 밀러 실험(1904년)의 부정적인 결과는 이런 상대성원리가 이전의 뉴턴역학에서 그랬던 것처럼 전자기학에 있어서도 어쩌면 참일지도 모른다는 생각을 다시 일깨웠다.

반면에 1851년에 피초우는 이 상대성원리와 직접적으로 모순되는 실험을 했다. 그는 운동하는 액체 속에서 빛의 속도를 연구했다. 상대성원리가 타당했다면, 액체 속에서 빛의 속도는 정지해 있는 액체 속에서의 광속과 액체의 속도의 합과 같아야 할 것이다. 그러나 그의 실험결과는 그렇지 않았다. 그래서 전체속도는 실제의 합보다 다소 작다는 것을 보여주었다.

운동이 에테르에 대해 상대적임을 확실히 하기 위한 새로운 시도들의 부정적인 결과에도 불구하고 물리학자, 수학자들에게 〔빛의 전파에 대한 파동방정식을 상대성원리와 일치시킬 수 있었던〕 이 시도의 수학적 해석을 다시 한번 생각해 보게끔 동기를 부여했다. 그래서 로렌츠는 1904년에 이런 요구를 충족시키는 하나의 수학적 변형을 제안했다. 이 제안은 다음과 같은 가설을 충족시켜야 했다. 즉 물체의 속도에 비례하는 그 요인만큼 운동하는 물체는 그 운동방향으로 수렴하고, 상이한 좌표계에서도 역시 다른 외관상의 scheinbare 시간이 〔속도에 따라 팽창하지 않는 시간〕 계측된다는 가설이 그것이다. 이 〈외관상의 시간〉은 지금껏 〈실제시간〉과 동일한 역할을 해왔다. 이런 방식으로 그는 빛의 관측속도는 이제 모든 좌표계에서 동일하다는 〔상대성원리〕에 맞는 결과에 도달했다. 이와 유사한 논의가 포엥카레(Henri Poincar), 피츠제럴드(Fitzgerald) 등의 물리학자들에 의해 이루어졌다.

결정적인 진보는 〈로렌츠변형〉의 외관상의 시간을 실제시간으로 바꾸어 설명하고, 로렌츠가 〈실제적〉이라고 불렀던 시간을 배제함으로써, 1905년 아이슈타인에 의해 이루어졌다. 이는 물리학을 뿌리째 뒤흔드는, 전혀 예측하지 못했던 변화였다. 이 변화는 젊고 용기 있는 혁명적인천재를 요구했다. 이 진보를 성취하기 위해 더 이상 자연에 대한 수학적 설명 속에서가 아니라, 오히려 로렌츠변형을 모순됨이 없이 경험에 적용하는 것이 필요했다. 그러나 이러한 변형의 새로운 해석을 통해 시간-공간에 대한 물리학자의 관점이 변했으며, 많은 문제들이 새로운 시각에서 조명되었다. 예를 들어 에테르라는 실체는 물리학에서 불필요한 개념이고, 간단히 없애 버려도 좋은 것으로 증명되었다. 왜냐하면 모든 좌표계는 상대적으로 서로서로 일정한 선형운동 속에 있고, 자연설명에 대해 등가이기 때문에, 좌표계의 특정한 지점에 정지해 있는 에테르 같은 하나의 실체가 있다고 말하는 것은 무의미하며, 실제로 그런 실체는 더 이상 필요 없다. 간단히 말해 광파는 진공에서 전달되고, 전자기적 장은 그 자체의 고유한 참모습을 가질 뿐만 아니라, 진공 속에도 있다.

이 결정적인 변화는 아울러 시간-공간의 새로운 구조를 필요로 했다. 시간, 공간이라는 일상적인 단어 그 자체가 이미 시간-공간의 구조와 관련되어 있기 때문에, 수학을 활용하지 않고 일상언어로 이 변화를 설명하기는 매우 어렵다. 우리가 쓰는 시간-공간은 사실 실제적 구조의 이상화요, 단순화이다. 그럼에도 불구하고 우리는 하나의 새로운 구조를 설명하려고 시도해봐야 한다. 아래와 같은 식으로 한번 써보자. 〈과거〉라는 단어를 쓸 때, 우리는 모든 일어난 일을 생각하게 된다. 과거에서 최소한 원칙적으로 무엇인가를 알 수 있고, 무엇인가를 경험할 수 있다. 마찬가지로 〈미래〉 역시 일어날 수 있는 모든 일을 포괄한다. 우리는 미래에 일어날 일을 이렇게 저렇게 바꾸거나, 일어나지 않도록 하는데 최소한 영향을 미칠 수 있을 지도 모른다. 〈과거〉나 〈미래〉라는 단어의 개념규정이 왜 특별히 적합한가를 아는데도 우선 어려움이 있겠지만, 우리는 이 단어들이 일상적인 표현과 매우 정확하게 들어맞는다는 사실을 쉽게 알 수 있다. 우리가 이런 방식으로 이 용어를 사용하면, 많은 실험의 귀결들이 보여주는 바와 같이 과거와 미래의 내용은 운동 상태나 혹은 관찰자의 어떤 다른 특징에 달려 있지 않다. 좀더 수학적인 말로 하자면 여기에 끌어들인 개념규정은 관찰자의 운동에 대해 불변이라는 의미이다. 이는 뉴턴역학뿐만 아니라 아인슈타인의 「상대성이론」에도 역시 타당하다.

그러나 여기에는 결정적인 차이가 있다. 고전이론에서 우리는 미래와 과거는 무한히 짧은 시간 간격으로 〔현재라고 부르는 찰나(刹那)를 사이에 두고〕 서로 나누어져 있다고 생각한다. 상대성이론에서는 그러나 좀 다른 형태를 취한다는 걸 배웠다. 미래와 과거는 무한한 시간적 간격으로 나누어져 있고, 그 시간의 길이는 관찰자의 시공간적 거리에 달려 있다. 어떤 작용은 광속보다 작거나 같은 속도로서만 전파될 수 있다. 그래서 관찰자는 주어진 순간에, 두 가지 독특한 시간 사이의 매우 멀리 떨어진 지점에서 시작되는 사건을 알지도 못할 뿐더러 거기에 영향을 미칠 수도 없다. 두 가지 시간 중 하나는 관찰 순간에 관찰자에게 도달하기 위해, 사태가 일어난 지점에서 관찰자에게로 빛신호가 발사되어야 하는 매우 짧은 찰나를 말하고, 두 번째 시간은 관찰 순간에 관찰자에게서 발산되는 빛신호가 사태가 일어난 자리에 도달하는데 걸리는 찰나를 말한다. 이 두 찰나의 무한한 시간적 틈〔간극(間隙)〕은 관찰 순간의 관찰자에게 현재라고 표현될 수 있다. 이런 시간적 간격 사이에서 일어난 어떤 일은 관찰행위의 순간에는 거기 〔관찰대상〕에는 아무것도 알려져 있지도 않을 뿐더러, 영향을 줄 수도 없기 때문에, 〈현재〉라는 개념으로 정의되었다. 이 두 시간 사이에서 시작되는 모든 사태는 관찰행위와 〈동시적〉이라 부를 수 있다.

'....이라고 부를 수 있다' 는 표현을 사용하는 것은 이미 〈동시적〉이라는 말의 이중적 의미를 암시하고 있는데, 왜냐하면 〈동시적〉이라는 말은 광속이 실제로 무척 크게 보이는 일상의 경험으로부터 나오기 때문이다. 〈동시〉라는 말은 물리학에서는 좀 다르게 정의될 수 있는 바, 아인슈타인은 자신의 연구에서 바로 이 좀 다른 개념규정을 사용했다. 두 사태가 동일한 공간점에서 동시에 일어나면, 우리는 이를 동시에 발생했다고 말한다. 표현은 아주 분명하다. 공간상의 직선 위에 놓여 있는 세 점을 〔중간에 있는 점이 다른 두 점과 동일한 거리에 있는〕 상상해보자. 여기서 만약 양 끝의 두 점에서 일어나는 두 사태가 있다고 가정하고, 이 두 사태로부터 나오는 빛신호가 동시에 발생하고, 또 이 빛신호가 중간점에서 동시에 만나면, 우리는 이를 〈동시적〉이라 규정할 수 있다. 이 개념규정은 처음 것보다 자세하다. 이로부터 귀결되는 바, 중요한 결과의 하나는 두 사태가 한 관찰자에게 동시적이면, 다른 관찰자에게는 어쩌면 동시적이지 않을 지도 모른다는 것이다. 즉 두 번째 관찰자가 첫 관찰자에 대해 상대적으로 운동하면 〔움직이면〕 이런 경우가 될 것이다. 〈동시적〉이라는 단어에 대한 두 가지 개념규정의 연결은 두 사태가 첫 번째 의미로 동시적이면, 우리는 항상 두 번째 의미에서도 또한 동시적인 하나의 기본좌표계를 발견할 수 있다는 진술로써 가능해진다.

우리는 모든 사태를 다음과 같은 식으로 보다 명백히 설명할 수 있다. 지구를 순회하는 우주선이 신호를 보내면 곧바로(짧은 시간에) 지상관측소에 포착되며, 이에 따라 지상관측소도 우주선에 금방 도달될 명령을 송신하다고 가정해보자. 우주선에서 신호를 보내고, 다시 명령을 수신하는데 걸리는 전체 시간간격은 지상에서의 수신행위와 〈동시적〉〔첫 번째 의미로〕이라고 간주될 수 있다. 이 간격의 어떤 일정한 찰나를 포착하면, 이 찰나는 일반적으로 지상의 수신행위와 '동시적' 이지 〔두 번째 의미로〕 않지만, 항상 이 동시성이 존속하는 하나의 기본좌표계가 있다.

〈동시적〉이라는 말의 첫 번째 규정은 일상생활에서의 습관적인 활용과 좀더 잘 들어맞는 것으로 보인다. 왜냐하면 두 과정이 동시에 있느냐 없느냐 하는 질문은 일상생활에서는 확실히 기본좌표계와 상관관계에 있지 않기 때문이다. 그러나 상대론적 개념규정에서는 '동시적' 이라는 개념은 일상언어에는 완전히 배제되어 있는 엄밀성을 가지고 있다. 양자론에서 학자들은 고전역학의 개념은 자연을 부정확하게 기술하고, 양자법칙을 통한 적용 역시 제한되어 있으며, 그래서 이를 매우 신중하게 적용해야 한다는 걸 이미 오래전에 배워야 했다. 상대성이론에서는 이와 반대로 학자들은 고전역학의 용어의 의미를 변경하고자 했으며, 이런 식의 자연 속에서 새로이 알려진 상황에 정확히 일치하는 개념들을 보다 엄밀히 하고자 시도했다.

상대성이론을 통해 세상에 알려진 시간 - 공간의 구조는 물리학의 여러 영역에서 나타내고 있다. 운동하는 물체의 전자기학은 상대성원리에서 간단히 도출될 수 있다. 이 원리 자체도 굳이 전자기학이나 기계학뿐만 아니라, 자연법칙의 모든 임의의 부류에도 관련되는 하나의 극히 일반적인 자연법칙으로 기술될 수 있다. 법칙은 단지 일정한 선형운동으로만 서로 구별되는 모든 기본좌표계에서 동일한 모양이어야 한다. 수학적으로 말해, 즉 그것은 로렌츠변경에 대해 불변이다.

상대성원리의 가장 중요한 결과는 아마 '질량과 에너지의 등가성〔E=MC2〕'이라고 표현할 수 있다. 광속은 물체가 결코 도달할 수 없는 한계속도로 역할하기 때문에 이미 움직이는 좌표 속에 있는 물체를 가속시키는 것은 정지해 있는 물체를 가속시키는 것보다 어렵다는 것을 쉽게 알 수 있다. 〔왜냐하면 움직이는 물체는 질량이 커지므로〕 질량은 운동에너지와 함께 증가한다. 상대성이론에 의하면, 일반적으로 모든 종류의 에너지는 질량을 크게 하는데 역할을 해야 하고, 주어진 에너지총량에 속하는 질량은 광속의 제곱으로 나눈 에너지와 같다〔E=MC2〕. 모든 에너지는 질량을 가지고 있다. 그러나 일반적인 개념에 따르면 아주 큰 에너지조차 질량의 변화에 아주 조금만 역할한다. 이것이 바로 질량과 에너지조차 질량의 변화에 아주 조금만 역할한다. 이것이 바로 질량과 에너지의 결합이 그 이전에 관찰되지 못했던 이유이다. 상대성이론에 와서 에너지의 결합이 그 이전에 관찰되지 못했던 이유이다. 상대성 이론에 와서 질량보존의 법칙과 에너지 보존의 법칙은 이제 독립적으로는 그 타당성을 갖지 못하고, '에너지 혹은 질량보존의 법칙' 이라고 부르는 하나의 법칙으로 통합된다.

50년 전 〔하이젠베르크가 이 글을 쓸 때부터〕「상대성이론」이 성립되었을 때, '질량과 에너지의 등가성' 이라는 가설은 가히 물리학의 혁명으로 보였으며, 이 법칙에 대한 실험적 토대도 제대로 마련되어 있지 않았다. 오늘날 우리는 운동에너지에서 어떻게 기본입자가 나오는지, 이 입자가 빛으로 변화해서 다시 사라질 수 있는지를 실험으로 간단히 볼 수 있다. 그래서 지금은 에너지에서 질량으로, 혹은 그 반대 경우로의 변화는 당연한 것이 되었다.

원자의 폭발로 생기는 엄청난 양의 에너지는 아인슈타인 방정식을 정당화하는 보다 명백한 증거이다. 그러나 우리는 여기에다 비판적, 역사적 소견을 덧붙이고자 한다. 종종 주장되어 온 바와 같이, 막대한 양의 에너지는 원자폭발에서 질량에서 에너지로 직접적인 변화를 통해 생성되고, 상대성이론의 토대 위에서만 이 어마어마한 에너지의 양을 짐작할 수 있었다. 이런 견해는 오해에 근거를 두고 있다. 원자핵에 저장되어 있는 에너지는 베크렐, 큐리, 라더포드의 방사능 붕괴에 관한 실험 이후 이미 알려져 있었다. 라듐과 같은 모든방사능 물질은 화학적 과정에서 동일한 양의 물질로 만들어질 수 있는 열보다 약 백만 배에 가까운 열을 산출한다. 우라늄의 핵분열에서 나오는 에너지는 대체적으로 말하자면 원자핵이 분열되는 두 입자의 전자충돌이라는 점에서 라듐핵의 〈알파붕괴 α-Zerfall〉와 같은 기원을 갖는다. 원자폭발에서 나오는 에너지는 이 폭발하는 원자에서 직접적으로 기인하는 것이지, 질량의 에너지로의 변화를 통해 생기는 것이 아니다. 한정된 〈정지질량 Ruhmasse〉을 가지고 있는 기본입자의 수는 폭발 동안에 전혀 줄어들지 않기 때문이다. 그럼에도 불구하고 원자핵의 구조들 사이의 결합에너지는 여전히 이 정지질량 속에 있음을 보여주고, 그러므로 에너지의 발생은 간접적으로 원자핵의 질량 속에서의 변화와 연결되어 있다.

〈에너지와 질량의 등가〉라는 아인슈타인의 원리는 물리학에서의 중요성 못지않게, 또한 고대철학의 문제제기와 관련이 있는 문제점을 던져 놓았다. 과거 다양한 철학사상은 실체나 질료는 절대로 파괴될 수 없다는 명제로부터 출발했다. 현대물리학은 그러나 기본입자, 양전자, 전자는 소멸하거나 광선으로 변할 수 있다는 사실을 실험으로 보여주었다. 이는 고대의 철학체계가 현대의 경험으로 반증되었고, 이들의 논지가 잘못되었다고 봐야 된다는 의미인가?

이는 너무 성급한, 어쩌면 정당화될 수 없는 결론일 지도 모른다. 왜냐하면, 고대나 중세철학에 있어서 〈실체〉 혹은 〈질료〉라는 개념은 현대물리학의 〈질량〉이라는 개념과 간단히 동일화될 수 없기 때문이다. 우리의 현대적 경험을 고대의 철학적 개념으로 표현하고자 할 때, 예를 들어 질량과 에너지는 동일한 실체에 대한 두 가지 상이한 형상이라고 볼 수도 있고, 이런 식으로 실체는 파괴될 수 없다는 생각을 유지할 수 있을지 모르겠다.

반면에 현대적 인식을 옛날 용어로 표현하면 많은 것을 얻는다고 말하기는 어렵다. 과거의 철학사상은 그 시대의 지식의 총체였기에, 철학체계는 사람들을 이러한 지식으로 인도했던 사고방식과 일치한다. 수백 년 전에 자연에 대해 생각했던 철학자들이 좀 미리 현대물리학, 양자론의 발전을 예견할 수 있었다고 기대하기는 어렵다. 그러므로 철학자들이 과거 오랫동안 그들의 자연탐구를 통해 이룩했던 바의 개념은 오늘날 고도한 실험장비를 통해서 관찰되는 현상에 들어맞지 않는다. 그러나 상대성이론의 철학적 귀결을 이야기하기 전에, 상대성이론의 발전을 좀더 이야기하고자 한다.

19세기 「맥스웰이론」을 해석함에 있어 아주 중요한 역할을 했던 가설적 실체, 〈에테르〉는 앞서 언급한 대로 상대성이론에 의해 부정되었다. 이 사태는 가끔 절대공간은 상대성이론에 의해 부정되었다고 확정적으로 표현되었다. 특수상대성이론에 따르면 우리는 더 이상 하나의 특정한 기본좌표계를 〔에테르가 이 속에 정지해 있고, 그러므로 기본좌표계가 '절대공간'이라 표현될 수 있는〕 그릴 수 없다. 하지만 공간은 이제 모든 물리적 특징을 상실했다고 주장한 것은 그럼에도 불구하고 잘못된 것일지도 모른다. 물체나 장에 대한 운동방정식은 〈정상〉좌표계에 대해 일정하게 회전하는 다른 좌표계와 비교할 때 항상 다른 모양을 갖는다. 1905년과 1906년의 상대성이론에만 국한할 경우, 공간의 물리적 특성이 있는 회전좌표계에서의 원심력의 존재가 증명된다. 공간의 물리적 특징은 회전체계와 비회전체계 간의 구별로써 주어진다.

이는 철학적으로 만족할 만한 설명이 못된다. 물리적 특징을 순전히 물리적 대상〔텅 빈 공간이 아니라, 물체나 장과 같은〕에만 부여하는 것이 오히려 좋을지도 모른다. 전자기적 과정이나 역학적 운동의 관찰에만 국한시킬 경우, 텅 빈 공간의 존재는 원심력과 같이 움직일 수 없는 사실로 분명하게 귀결된다.

이런 상황에 대한 신중한 분석을 한 후, 10년쯤 뒤에 아인슈타인은 「일반상대성이론」이라는 이름으로 상대성이론을 확대했다. 이 새로운 이론의 근본사상에 대한 논의로 들어가기 전에, 이들 두 상대성이론의 타당성을 신뢰할 수 있는 확실도에 대해 몇 마디 언급하기로 하자. 1905-1906년의 이론은〔즉 특수상대성이론〕 미첼슨과 몰리, 혹은 여타 유사한 실험, 무수한 핵반응에서 질량과 에너지의 등가, 혹은 매우 정확하게 관찰된 반감기와 방사능입자의 속도와의 상관관계 등등 무수히 많은 실험적 사실에 근거를 두고 있다. 이 이론은 현대물리학의 확실한 기초이며, 현재에도 이론(異論)의 여지가 없다.

「일반상대성이론」에서는 실험자료가 매우 제한되어 있기 때문에 반대로 실험적 증명이 그렇게 설득력이 없다. 몇몇 천문학적 관찰만이 있는데, 이를 근거로 해서 사람들은 일반상대성이론의 가설의 타당성을 검증할 수 있다. 그러므로 이 두 번째 이론은 첫 번째에 비해 지극히 가설적임을 알 수 있다.

일반상대성이론의 근본가설은 〈중력질량〉과 〈관성질량〉이 같다고 하는 것이다. 정확하게 계측해 보면, 중력으로 〔자신의 무게로〕 결정되는 물체의 질량은 물체의 관성으로 정해진 질량과 〔관성질량〕 정확히 비례함을 알 수 있다. 정확히 계측해본 결과 이 법칙의 어떤 오차도 없었다. 이 법칙이 일반적으로 타당하다면, 중력은 원심력에 대해, 또는 관성작용에 대한 반작용으로 생기는 다른 어떤 힘에 대해 동일하게 놓일 수 있다. 앞에서 말한 바대로 원심력은 텅 빈공간의 물리적 특징과 연결되듯이 아인슈타인은 중력 역시 텅 빈 공간의 특징과 일치한다는 가설에 이르렀다. 이는 이 방향으로의 두 번째 진보를 필연적으로 수반하는 아주 중요한 진전이었다. 중력은 질량 때문에 야기된다. 그래서 지구중력을 공간의 특징과 관련시키면, 공간의 특징은 질량 때문에 야기되거나 영향을 받아야 한다. 회전좌표계에서 원심력은 이 좌표계에 대해 상대적으로 매우 멀리 떨어진 질량의 회전운동으로 야기되어야 한다.

이런 내용을 포함하는 시도를 완성하기 위해 아인슈타인은 물리학이 기본사상을 리만(Bernhard Riemann)이 완성한 기하학적 체계와 관련지어야 했다. 공간의 특징은 중력장과 더불어 실로 부단히 변화하기 때문에, 기하학은 곡면공간에서의 기하학과 대비되어야 한다. 곡면공간에서 유클리트 기하학의 직선은 측지학적 직선으로 〔즉 최소직선으로〕 대체되어야 하며, 곡률은 항시 변화한다. 그 결과 아인슈타인은 질량분포와 기하학을 결정하는 변수 사이의 관계에 대한 하나의 수학공식을 제안할 수 있었다. 이 공식은 중력에 관한 일반적으로 알려져 있는 사실을 올바르게 서술하고 있다. 이는 통상의 중력이론과 아주 근사치로 일치했다. 나아거서 그는 계측불가능하다고 생각되어 오던 몇 가지 매우 홍미로운 작용을 예언했다. 그것은 바로 중력의 빛에 대한 작용이다.

중력이 큰 별에서 단색광이 발산되면, 별의 중력장을 통과해 나오는 사이 빛입자〔광량자〕는 에너지를 상실한다. 이로부터 발산된 스펙트럼선의 적외선 변이가 일어난다. 프로인트리히(Freundlich)의 시도에 대한 지금까지의 논의가 명백히 보여수는 바와 같이 이 직외선 변이의 존재에 대해서 이론(異論)의 여지가 없이 실험적으로 증명해내지 못했다. 그렇다고 하더라도, 아인슈타인 이론의 예언이 반증되었다고 결론내리기에는 너무 성급하다.

태양 가까이를 스쳐 지나가는 빛은 태양의 중력장에 의해 휘게 〔굴절〕 될 것이다. 프로인트리히와 다른 천문학자들에 의해 이 굴절의 크기가 발견되었다. 그러나 설령 굴절이 아인슈타인 이론이 예언했던 값(수치)과 정확히 일치한다 하더라도, 아직 결정적이지 못하다. 일반상대성이론의 타당성에 대한 가장 적절한 실험적 증명은 이론의 예언치와 잘 일치하는 수성(水星) 궤도의 일그러짐으로 일어나는 〈세차운동〉인 것으로 보인다.

일반상대성이론의 실험적 기초가 아직 빈약하다하더라도, 이 이론은 지극히 중요한 생각을 내포하고 있다. 고대에서 19세기까지 전 시기에 걸쳐 수학자들은 유클리트 기하학을 자명한 것으로 받아들였다. 유클리트의 정의는 모든 기하학의 기초였던 바, 그것은 질문될 수 없는 성질의 것이었다. 19세기에 와서 수학자 볼레이(Bolyai)와 로바체프스키(Nicholai Iwanowitsch Lobatschewsky), 가우스, 리만 등은 유클리트 기하학과 똑같은 수학적 엄밀성을 지닌 또 다른 기하학을 구성할 수 있음을 발견했다. 그러나 물리학자들은 아인슈타인의 저술을 통해서야 비로소 이 문제에 관심을 가지게 되었다. 일반상대성이론에서 언급되는 기하학은 삼차원 공간만이 아니라, 사차원의 시간-공간의 총체를 다루고 있다. 이 이론은 우주에서의 질량분포와 사차원 기하학의 연결을 창출해낸다. 이리하여 이 이론은 보다 높은 차원에서 시간-공간의 구조에 관한 낡은 질문을 새로운 형태로 제기한다. 이론은 관찰로써 검증될 수 있는 대답을 찾아보자고 제안했다.

이 문제로 말미암아 우리는 다시 옛날의 철학과 과학이 탐구해왔던 인간 정신에 대한 철학적 질문에 관심을 가지게 된다. 공간은 무한한가, 유한한가? 시간의 시작 이전에는 무엇이 있었는가? 시간의 끝에서는 무엇이 일어나는가? 혹은 시간은 처음도 끝도 없는가? 이런 질문에 대해 우리는 철학과 종교에서 그 다양한 대답을 찾을 수 있다. 예를 들어 아리스토텔레스 철학에서는 공간은 무한히 쪼갤 수 있다하더라도, 우주 전체 공간은 유한하다. 공간은 물체의 팽창을 통해서 생성되고 물체에 의해 어느 정도 잡아 늘여진다. 그래서 물체가 없는 곳에는 공간도 없다. 우주는 지구와 태양, 그리고 별로 구성되어 있고, 무수한 물질로 꽉 차 있다. 별이 있는 천체 밖에는 공간이 없다. 그러므로 우주의 공간은 유한하다. 칸트 철학에 있어서 이 문제는 〈안티노미〉의 문제로, 두 가지의 상이한 주장이 대립되는 결과를 가져오기 때문에 결코 대답될 수 없는 문제에 속한다. 공간의 끝이 있다고 상상할 수 없기에 공간은 유한할 수 없다. 우리는 공간의 어떤 지점에 도달할 수 있고, 더 나아갈 수 있다는 걸 상상해야 한다. 동시에 공간은 우리가 상상할 수 있는 무엇이기에, 무한한 것도 아니다. 상상할 수 없는 무엇은 개념으로 성립되지도 않는다. 우리는 무한한 공간을 상상할 수 없다. 이 두 번째 주장은 칸트의 논지를 그대로 옮겨놓지 않았다. 칸트의 문장 "공간이 무한한다"는 말은 '우리가 공간의 끝에 도달할 수 없다'는 다소 부정적인 의미이다. 칸트에게 있어서 '공간의 무한성'은 실제로 주어져 있는 무엇, 되돌려 놓을 수 없다는 의미로 〈존재〉하는 무엇을 의미한다. 칸트는 그리하여 우주는 우리의 경험의 대상이 아니기 때문에, 공간이 유한한지, 무한한지 결코 합리적으로 대답할 수 없다는 결론에 도달한다.

시간의 무한성에 관한 문제도 사태는 마찬가지다. 아우구스티누스(Aurelius Augustinus)는 『고백록』에서 이런 식으로 질문을 던진다. "세계를 창조하기 전에 신은 무엇을 했을까?" 라는 질문에 그는 "신은 이런 쓸데없는 질문을 하는 사람들을 가둘 지옥을 만들고 있었다"는 유명한 대답에 만족할 수 없었다. 이는 천박한 대답이라 생각하고, 이 문제에 대해 보다 합리적인 대답을 찾고자 했다. 시간은 단지 우리를 위해 흐르고, 단지 미래로써 기다린다. 시간은 순간으로 우리를 지나간다. 그리고 우리는 다만 과거로써, 시간을 회상한다. 그러나 신은 시간 속에 있다. 시간은 세계와 더불어 창조되었기 때문에 시간은 세계의 것이다. 그러므로 우주가 〈창조〉되기 전에 시간은 없었고, 신에게 있어서 우주의 전 과정은 한 번에 주어졌다. 신이 우주를 창조하기 전에 시간은 없었다.

그러나 아우구스티누스의 이야기 속에서 〈창조된〉이라는 개념이 문제의 본질적인 어려움을 감추고 있음을 쉽게 알 수 있다. 일상적으로 사용되고 있듯이 이 말은 그전에 없던 것이 생겨남을 의미하고, 이런 의미에서 이 말은 아마 시간 개념을 전제하고 있다. 그래서 '시간은 창조되었다'로써 생각하는 바를 합리적인 표현으로 정의하기는 불가능하다. 이 사실로 우리는 모든 단어, 모든 개념은 매우 그럴듯하게 보이지만, 아주 제한된 적용범위를 갖고 있다는 주장을 다시금 회상하게 된다. 일반상대성이론에서 시간-공간의 무한성에 관한 물음은 제기될 수 있고, 부분적으로는 경험적 기초 위에서 대답될 수 있다. 시간-공간에서의 사차원 기하학과 우주에서의 질량분포 사이의 관계설정이 이 이론으로 적절히 기술되면, 공간에서의 나상성운(螺狀星雲)에 관한 천문학적 관찰은 우리에게 우주 전체의 기하학에 관한 정보를 준다. 그러면 우리는 적어도 우주의 모델 〔우주의 형상〕을 구성해 볼 수 있고, 그 결과를 경험적 사실과 비교할 수 있다.

현재 우리의 천문학적 지식으로는 우주의 이런저런 모델들을 결정적으로 구분할 수 없다. 우주공간이 유한할 수도 있다. 이는 그러나 어느 지점에선가 우주의 끄트머리가 있다는 의미는 아니다. 우리가 우주의 일정한 방향으로 무한정하게 계속 앞으로 나아가면, 결국에는 우리가 처음 출발했던 자리로 되돌아와야 한다는 사실로 귀결될지도 모른다. 지표상의 어떤 지점에서 계속 앞으로 〔예를 들어 동쪽이라 하자〕 나아가면, 서쪽에서 처음의 자리로 돌아오게 되듯이, 결국 문제는 지표 위의 이차원 기하학에서와 유사할 것이다.

시간에 관한 한 처음이 있는 것으로 보인다. 많은 관찰 결과 우주는 약 40억 년 전에 〈시작〉되었음을 말해주고 있다. 혹은 그때는 어쨌거나 우주의 모든 물질이 지금보다 매우 작은 공간에 응집되어 있었으며, 우주는 그 후 이 작은 공간에서 다양한 속도로 부단히 팽창해 나갔다는 사실을 보여주고 있다. 40억 년이라는 시간은 예를 들면, 운석이나 지구광물의 나이 관찰 등 많은 관찰로써 증명되고 있다. 그래서 세계의 기원이 40억 년이라는 생각과 완전히 다른 해석을 발견하기는 정말 어렵다. 기원에 관한 이런 생각이 타당한 것으로 증명된다면, 이는 곧 시간의 저편에서는 〔즉 40억 년 훨씬 이전에는〕 시간개념이 본질적으로 변해야 함을 말하는 것이다. 실로 조심스러운 이런 확증은 세계의 창조라고 하는 간단한 설명을 대신하고 있다. 현재 수준의 천문학적 관찰로는 시간-공간-기하에 관한 문제에 아직 확실한 대답을 못하고 있다. 언젠가 이 문제가 천문학적 연구경험의 견고한 토대 위에서 새로이 대답될 수 있음을 아는 것만으로도 어쨌거나 흥미 있는 일이 아닐까?

우리가 이런 관찰을 확실히 증명된 「특수상대성이론」에 국한해서 보면, 이 이론은 우리의 시간-공간구조에 대한 생각을 철저하게 바꾸어버렸음을 부인할 수 없다. 이 변화에서 우리를 흥분시키는 것은 이 이론의 독특한 성격 뿐만 아니라, 이 이론이 도대체 가능했었는가 하는 사실이다. 뉴턴이 자연설명의 기초로써 수학적으로 확증해 놓았던 시간-공간의 구조는 어떤 내적 모순도 없었다. 뉴턴의 구조는 간단했고, 우리가 일상생활에서 쓰고 있는 시간-공간 개념과 그대로 일치했다. 이 일치는 너무나 밀접해서, 뉴턴의 개념정의는 그저 일상의 시간-공간 개념을 정교한 수학공식으로 바꾸어 놓은 것으로 볼 수 있다. 상대성이론 이전에는 시간의 과정은 그 공간적 배열과 무관하게 정해진다는 사실을 자명한 것으로 받아들였다.

일상경험에서 우리가 그렇게 받아들이는 이유는 광속이 일상생활에 관련이 있는 어떤 것의 속도보다 매우 크기 때문이다. 사람들은 당시로서는 이런 한계를 분명하게 인식하지 못했다. 이런 한계를 알았다면, 어떤 과정의 시간적 질서가 그 공간적 배열에 〔다시 말해 시간이 시작되는 위치〕 상관한다고 생각할 수 없었을 것이다.

칸트철학은 나중에 시간개념, 공간개념은 자연에 대한 우리들의 관계의 문제이며, 우리는 이 개념을 활용하지 않고는 자연을 설명할 수 없다는 사실에 주목하게 된다. 그래서 이 개념은 어떤 의미로 선험적이다. 이는 경험의 조건이지, 원래부터 있는 경험의 귀결이 아니다. 그러므로 우리는 이 개념이 새로운 경험으로 변경될 수 있는 무엇이 아니라고 가정한다. 그리하여 변화의 필연성은 거대한 경이로움으로 보였다. 학자들은 처음으로 일상의 개념을 〔현대의 실험기술로 더욱 세련된〕 경험에 적용하는데 얼마나 조심해야 하는가를 배웠다. 뉴턴역학의 수학언어로 정교하고 모순 없이 이 개념을 공식화하는 일, 혹은 이를 칸트철학에서 조심스럽게 분석하는 일은 후에 정확한 계측을 통해 가능했던 비판적 분석 앞에 특별히 보호되어 있지 않다. 이 경고는 나중에 현대물리학의 발달에 아주 유익한 것으로 드러났다. 상대성이론의 성과를 물리학자들이 일상생활이나 고전물리학에서 따온 개념을 무비판적으로 적용하는데 대해 경고하지 않았었더라면, 양자론의 이해가 훨씬 더 어려웠을 것이다.

8. 코펜하겐의 양자론 해석에 대한 비판과 반론

〈코펜하겐의 양자론 해석 Kopenhagener Deutung der Quantentheorie〉은 물리학자들을 19세기에 지배적이었던 단순한 유물론으로부터 멀어지게 했다. 이런 견해는 그 시대의 자연과학과 밀접하게 연관되어 있을 뿐만 아니라, 몇몇 철학사상에서는 그 체계적 분석을 발견했기 때문에 코펜하겐의 해석을 비판하고, 고전물리학과 유물론철학의 개념을 좀더 잘 설명할 수 있는 그 무엇으로 대체하고자 부단히 노력해왔다.

이런 시도는 세 부류로 나뉜다. 첫째는 지금까지 수행된 실험에 관한 한 코펜하겐의 해석의 실험결과를 예외 없이 받아들이지만, 거기에 적용된 언어, 즉 그 철학적 기초에 대해서는 만족해하지 않고, 다른 것으로 대체하고자 한다. 다른 말로 하자면 물리학의 변화 없이 철학을 변경하고자 한다. 이 부류의 몇몇 연구는 코펜하겐의 해석의 실험적 예언에 대한 그들의 의견일치를 지금까지 수행되어 온, 통상 전자물리학에 속하는 모든 실험에 적용한다.

두 번째 부류는 실험결과가 코펜하겐의 해석의 예언들과 일치할 경우 이들의 해석이야말로 실로 유일하고, 적절한 해석이라는 인식에서 출발한다. 그래서 이 부류의 연구는 양자론을 비판적 관점에서 변경하고자 한다. 마지막으로 세 번째 부류는 철학적이건 물리학적이건 간에 아무런 반대의견도 제시하지 않은 채, 양자론에 대한 불만을 토로한다. 이 부류에는 아인슈타인, 폰 라우에(Max von Laue), 슈뢰딩거 등을 꼽을 수 있다. 코펜하겐의 해석에 대한 반대는 이 부류의 사람들에 의해 맨 먼저 제기되었다.

양자론의 반대자들도 한 가지 점에서는 일치하고 있었다. 그것은 그들의 관점에 따르면 고전물리학의 현실표상에 대한, 다시 말해 유물론적 존재론으로의 회귀에 대한 소망, 즉 객관적 사실적 세계의 표상, 또 이 세계의 가장 작은 부분들마저도 우리가 관찰하건 못하건 간에, 돌이나 나무들처럼 객관적으로 존재한다는 객관적 사실적 세계의 표상에 대한 그들의 소망이다.

그러나 그들의 이런 표상은 불가능하고, 이 책의 앞부분에서 논의한 대로 원자현상의 속성 때문에 어차피 완전히 가능하기란 어렵다. 원자현상이 어떠해야 한다는 희망사상을 피력하는 것이 우리의 과제는 아니다. 그것을 이해해야 하는 것이다.

앞에 이야기한 첫 번째 부류의 연구를 검토할 때, 그들의 해석이 실험으로 반증될 수 없음을 분명히 지적해야 한다. 왜냐하면 이들의 해석은 단지 코펜하겐의 해석을 상이한 언어로 반복할 뿐이기 때문이다. 좀더 엄격한 실증주의적 입장에서는 심지어 그것은 코펜하겐의 해석에 대한 반대제안이 아니라, 상이한 언어로의 반복일 뿐이라고 말한다. 그래서 우리는 이와 관련하여 다만 언어의 합목적성만을 논의할 수 있다. 이런 반대제안을 하는 집단의 한 부류는

〈숨겨진 변수〉라는 관념을 활용한다. 왜냐하면 양자론적 법칙은 주로 실험결과를 다만 통계적으로 예정하기 때문에, 일상적인 실험이 빠뜨리는, 실제로 그 전에 받아들여진 인과적 방식 속에서 실험의 출발을 규정하는 숨겨진 변수가 있음을 인정하고자 고전물리학의 관점에 기울어져 있다. 그래서 이들 중 몇몇 연구는 이 변수를 양자역학 내에서 구성하고자 했다.

이런 의미에서 예를 들어 봄(Bohm)은 새로이 〔어느 정도까지는 드 브로이에 의해 파악되었던〕 코펜하겐의 해석에 대한 반대제안을 내놓았다. 봄의 해석은 양자론의 아주 세세한 부분들까지 논구되었다. 그는 입자를 뉴턴역학에서 말하는 질점 Punktmassen과 같은 객관적 사실적 구조라고 보았다. 위상공간에서의 파동은 그의 해석에서는 탄성장 elastischen Felder과 같이 역시 〈객관적으로 실재〉한다. 위상공간〔혹은 배위공간 Konfigurationsraus〕은 그럼에도 불구하고 좌표계의 모든 입자들의 다양한 좌표에 관련되는 다차원 공간이다. 여기에 최초의 문제점이 발생한다. 위상공간에서의 파동이 '실제' 이며, 〈사실적〉이라는 말은 무엇을 의미하는가? 위상공간은 매우 추상적인 공간이다. 여기서 〈사실적 Real〉이라는 말은 '물건' 또는 '사물' 이라는 의미의 라틴어 〈레스 res〉에서 왔다. 사물은 추상적 위상공간이 아니라 언제나 우리의 삼차원 공간에 있다. 위상공간에서 파동은 〈객관적〉이라는 말이 파동이 관찰자와 상관관계에 있지 않다는 의미로 말했다면, 그것은 정당할 지도 모르겠다. 그러나 단어의 의미를 자의적으로 바꾸려면 몰라도, 그렇지 않고서는 이를 실제적, 사실적이라고 말할 수는 없다. 봄은 그 다음으로 불변하는 위상의 평면을 수직으로 나누는 선을 입자의 가능한 궤도라고 정의한다. 이 선 중의 어느 것이 입자의 실제적인 궤도인가는 봄의 견해에 의하면 계측장치와 체계의 역사에 달려 있으며, 체계나 계측장치에 관해 실제로 알려져 있는 것 말고 더 많이 알지 못하고서는 결정할 수 없다. 이 역사는 실로 실험을 시작하기 전에 전자의 실제궤도라고 하는 〈숨겨진 변수〉를 포함하고 있다.

파울리(Wolfgang Pauli)가 강조했듯이 이 해석으로부터 전자는 원자의 기본상태에서 정지해 있을지도 모르고, 그래서 원자핵 주변을 궤도운동하지 않을지도 모른다는 결론이 나온다. 이는 일단 실험과 모순 되는 것처럼 보이는데, 왜냐하면 기본상태에서의 전자의 속도계측은 〔예를 들어 콤톤효과를 이용하여〕 기본상태에서의 부단한 속도분할을 결과로 삼기 때문이다. 이 속도분할은 속도공간에서의 파동함수의 제곱으로 양자역학의 법칙과 일치해서 주어진다. 그러나 봄은 이렇게 대답할 것이다. 계측은 이미 과거의 법칙에 따라 평가될 수 없으며, 계측결과의 일반적인 평가에 있어서 속도공간에서의 파동함수의 제곱은 속도분할이라고 추론될 수 있지만, 계측장비에 대한 양자론, 특히 봄이 이 목적을 위해 수행한 양자론적 가능성을 고려해보면, 결과는 무관하다. 실제로 전자는 안정상태에서 정지해 있다. 이런 맥락에서 봄의 양자론적 가능성은 실로 놀라운 특징을 〔예를 들어 영(零)과의 임의의 넓은 간격 위로 상이하게 있는〕 가지고 있음을 알 수 있다. 이 값을 주장할 수 있기 위해 봄은 "양자론의 영역에서 우리는 단일한 체계의 정확하고, 합리적이며, 객관적인 서술을 포기할 필요가 없다"고 말한다. 그러나 이 객관적 서술은 스스로를 물리학적 실재와는 거의 상관이 없는 일종의 '이데올로기적 상부구조'로 드러낸다. 왜냐하면 봄의 해석에 있어서 숨은 변수는 양자론이 변경되지 않는 한, 이 변수는 실제과정을 서술함에 있어서 한 번도 나타나지 않는 성질의 것이다.

이런 난점을 피하기 위해 봄(Bohm)은 훗날의 실험에서 〔예를 들어 10-13cm 이하의 영역에서] 이 숨은 변수는 여전히 물리적 역할을 하고, 양자론은 이로써 오류임을 증명하게 될 것이라는 희망사항을 첨언한다. 이러한 희망사항의 피력은 보어가 말하듯이 "경제적으로 유리하기 때문에, 나중에 언젠가는 2×2=5가 되리라고 기대할 수 있다"는 말과 유사한 구조를 갖는다. 사실상 봄의 희망을 충족시키자면 양자론은 물론이고, 봄의 해석이 근거하고 있는 이론적 토대가 무너져야 한다. 그럼에도 불구하고 강조되어야 할 것은 이런 비유[2×2=5]가 설령 완벽한 것이라 하더라도, 봄(Bohm)이 의미하는 바, 훗날 양자론의 필연적인 변경에 대한 부득이한 논리적 주장은 아니다. 예를 들어 훗날 수리논리학이 발달해 2×2가 예외적으로 5로도 될 수 있고, 이 발달한 수학이 회계에 유익할지도 모른다는 것은 원칙적으로 생각할 수 없기 때문이다. 바로 여기서 우리는 이와 같은 계산원칙의 변경이 경제에 아무런 도움이 되지 않는다는 사실을 굳이 어떤 논리적 근거를 가질 필요도 없이 구체적으로 확신하고 있다. 봄이 자신의 희망을 실현하고자 제시한 제의는 그것이 어떻게 물리적 사태설명에 활용될 수 있는지 이해할 수 없다.

양자론의 변경가능성을 도외시하면, 이미 강조된 바와 같이 봄의 주장은 물리학에 관한 코펜하겐의 해석에 다름 아니다. 문제는 이 주장의 합목적성이다. 입자궤도의 문제에서 이데올로기적 상부구조가 중용한 자리를 점한다고 하는 기왕의 반박 말고, 여기서 특히 강조되어야 할 점은 봄의 논지는 양자론에 내재하고 있는 위치와 속도의 대칭, 혹은 보다 정확히 말해 위치와 운동량 간의 대칭관계를 무너뜨린다는 사실이다. 왜냐하면 대칭특성이란 이 이론의 가장 특징적인 물리적 본질에 속하는 문제이기에, 이 특성을 그 자체의 언어로 부정하면, 무엇을 얻을 수 있는가를 통찰하지 못하게 된다.

모양은 약간 다르지만, 봅(Bopp)과 페니즈(Fenyes)의 통계적 해석에 〔페니즈의 해석은 봅의 통계적 해석과는 다소 다른 내용을 포함하고 있다〕 대한 반박도 가능하다. 봅은 입자의 생성과 소멸을 양자론의 근본적인 과정으로 이해했다. 입자는 고전적인 어의(語義), 다시 말해 유물론적 존재론의 의미로 보면, '사실적', '실제적' 이다. 그리고 양자론의 법칙은 여기서 입자의 생성과 소멸과정에 관련되는 〈상관적 통계〉의 독특한 경우로 간주된다. 봅이 보여준 바와 같은 이런 해석은 모순 없이 수행될 수 있고, 양자론과 상관적 통계간의 흥미로운 관련을 보여준다. 물리학적으로 이 역시 코펜하겐의 해석과 동일한 귀결에 이른다. 실증주의적인 의미에서 봅의 해석은 봄(Bohm)의 해석과 동일하다. 그러나 이 해석은 양자론의 수학적 구조에서 아주 독특한 특징인 파동과 입자의 대칭관계를 파괴한다. 1928년에 이미 요르단, 클라인(Klein), 비그너(Eugene Paul Wigner) 등은 수학적 구조는 하나의 입자운동의 양자화일 뿐만 아니라, 삼차원 물질파의 양자화를 의미하는 것이기도 하다는 사실을 보여주었다. 물질파는 입자보다 덜 실제적으로 관찰된다는 것은 아무 근거가 없다. 우리가 일정한 상관적 통계를 시간-공간에 있어서의 물질파에 대해 발전시키고, 이런 식으로 입자나 파동의 고유한 참모습을 볼 수 있는가 없는가 하는 열려 있는 질문으로 제시해놓으면, 파동과 입자의 대칭은 봅의 해석에서도 밝혀질 수 있을지 모르겠다.

유물론적 존재론의 의미에서 입자는 실제적이라는 가정은 적어도 원칙적으로는 항상 불확정성의 원리에 오류가 있음을 어떻게든 고집하려는 유혹에 빠진다. 예를 들어 페니즈는 〔불확정성의 원리〕는 〔그는 이 원리를 통계적 관계로 연결짓고 있다〕 위치와 속도를 동시에, 언제든지 정확하게 계측할 수 있음을 결코 배제하지 않는다고 말한다. 〔하이젠베르크의 불확정성의 원리는 입자나 파동의 위치와 운동량은 동시에 정확히 계측될 수 없다는 원리에서 출발한다. 페니즈는 이 가능성을 주장하고 있다〕 그러나 페니즈는 그런 동시적 계측이 구체적으로 어떻게 보이는지 말하지 않고 있다. 그래서 그의 논리는 단순히 추상적인 수학에 머문다.

봄과 페니즈의 해석과 비슷한 바이첼(Weizel)은 이 목적을 위해 발견한 새로운 입자군과 더불어 관찰될 수 없는 〈제론 Zeronen〉과 연결되어 있는 숨은 변수를 가져온다. 이러한 가설은 실제입자와 제론과의 상호 작용은 〈제론장 Zeronenfeld〉의 〈자유도(自由度)〉로 에너지를 부수어버릴 위험을 숨기고 있다. 그래서 전체 열역학은 무질서에 빠지게 된다. 바이첼은 이런 위험에까지 나아가고자 하지 않았다.

지금까지 언급한 사람들의 입장은 「특수상대성이론」에 대한 유사한 논의를 회상하는 것으로 적절히 규정될 수 있다. 아인슈타인이 절대공간과 절대시간을 부정하는데 불만이있던 사람은 당시에는 '절대공간과 절대시간이 존재하지 않는다는 주장은 아인슈타인의 「특수상대성이론」으로 증명되지 않았고' 고 거꾸로 특수상대성이론은 소위 진짜 공간 wahre Raum, 진짜 시간이 통상의 모든 실험에서 나타나지 않았음을 보여 주었을 뿐이라고 주장할 수 있었다. 그러나 자연법칙의 이런 측면을 올바르게 고려하면, 즉 운동좌표계에 대해 올바른 외관상의 시간을 집어넣었다면, 절대공간의 가정에 반대해서 아무것도 말하지 않았을 것이다. 은하계의 중심은 절대공간에 정지해 있다는 사실은 그럴듯하게 받아들여질 수 있다. 특수상대성이론의 비판자들은 여전히 훗날의 계측은 절대공간의 규정, 즉 상대성이론이 〈숨은 변수〉를 허용함으로써, 결국 상대성이론이 반증될지도 모른다고 말한다.

쉽게 알아차릴 수 있는 바와 같이 이런 주장은 실험적으로 반증될 수 없다. 왜냐하면 이런 주장 자체가 이미 특수상대성이론과도 다를 바 없기 때문이다. 상대성이론에 대한 이런 식의 해석은 적어도 허구나 상상에서는 상대성이론의 대칭특성 〔즉 로렌츠불변수 Lorenzinvarianz〕을 무너뜨린다. 그래서 상대성이론을 적절치 못한 것으로 여기게 될 것이다. 양자론에 있어서도 결과는 유사하다. 양자론의 법칙은 이를 위해 발견된 숨은 변수가 한 번도 관찰될 수 없는 그런 것이다. 만약 우리가 숨은 변수를 가설로 이 이론의 해석에 집어넣으면, 결정적인 대칭특성은 무너진다.

블로친체프(Blochinzew)와 알렉산드로프(Pawel Sergejewitsch Alexandrow)의 연구는 지금까지 얘기한 문제제기와는 전혀 다르다. 이들은 처음부터 자신들의 반대논지를 문제의 철학적 측면에만 국한시킨다. 물리학적 측면에서는 코펜하겐의 해석을 아무 유보조건 없이 받아들인다. 그러나 논쟁의 외양은 훨씬 더 날카롭다. 블로친체프는 "현대물리학의 다양한 관념론적 경향들 중에서 소위 「코펜하겐학파 Kopenhagener Schule」가 가장 반동적이다. 이 글에서 다루고자 하는 것은 이 학파의 관념적, 불가지론적 사변을 폭로하는 것"이라고 서문을 시작하고 있다. 이 과격한 논쟁이 보여주는 바는 과학이 아니라, 하나의 신앙고백이다. 레닌(Vladimir Lenin)의 저작을 인용하면서 그는 이렇게 결론내리고 있다. "상식적인 관점에서 보면, 계량 불가능한 에테르가 계량 가능한 물질로 전화되는 것이 놀라운 일로 보이고, 전자 속에는 전자기적 질량 이외의 어떤 질량도 없다는 것이 그렇게 기묘해 보여도, 또 기계적 운동법칙이 자연현상의 한 영역에 불과하고 전자기적 현상의 심오한 법칙에 종속되어 있다는 것이 아무리 이상하다 할지라도, - 등등 이 모든 것은 변증법적 유물론의 재확인에 다름 아니다."〔레닌의 『유물론과 경험비판론』의 한 구절임〕 이 연구의 전제조건이 설령 과학의 영역 밖에 있다고 했지만, 이들의 논지는 철저히 계몽적이다.

유물론적 존재론을 옹호하는 이들의 논의는 무엇보다도 양자론의 해석에 있어서 관찰자의 입장을 공격하는 데 맞춰져 있다. 알렉산드로프는 "그래서 우리는 양자역학의 계측결과로부터 단지 적절한 대상과 전자의 상호작용의 객관적인 효과만을 이해해야 된다"고 쓰고 있다. 관찰자의 안내자로서의 역할은 배제되어야 하고, 객관적 조건, 객관적 효과만을 다루어야 한다. 물리적인 크기는 현상의 객관적 특성일 뿐, 관찰의 결과는 아니다. 그에 의하면 파동방정식은 전자의 객관적 상태를 규정하는 것이다.

알렉산드로프의 이 설명은 어떤 체계의 계측장비와의 상호작용은 만약 장비와 체계가 외부 세계와 단절되어 있는 것으로 보고, 전적으로 양자역학에 따라서만 다루어진다면 우리는 어떤 일정한 결과〔예를 들어 사진검판이 일정한 지점에서 검게 그을리는 현상이라든가〕에 도달할 수 없다는 사실을 간과하고 있다. 만약 누군가가 "그러나 사진검판은 실제로 일정한 지점에서의 상호작용이 있었기에 검게 되지 않았느냐"고 이의를 제기한다면, 이로써 그는 전자와 검판으로 구성되어 있는 차단된 체계에 대해서는 양자역학을 포기하는 것이 된다. 이는 일상의 개념으로 서술될 수 있는 결과의 구체적인 성격인 바, 이런 특성은 양자론의 수학공식에 포함되어 있지 않으며, 코펜하겐의 해석에서 관찰자의 안내를 통해 들어간다. 물론 관찰자의 안내를 자연을 설명함에 있어서 필수불가결한 어떤 주관적 요소라고 잘못 이해해서는 안 된다. 관찰자는 오히려 작용이나,

현상, 다시 말해 시간-공간 내에서의 과정을 기록한다. 여기서 관찰자가 실험장비인가, 생명체인가는 문제되지 않는다. 그러나 기록, 가능성에서 실제적인 것으로의 이행의 기록은 양자론에서 떼어 낼 수 없는 꼭 필요한 일이다. 양자론은 여기서 모든 관찰행위가 그 속성상 비가역적(非可逆的) 과정이 아닌 한, 열역학과 밀접하게 연관되어 있다. 이러한 비가역적 과정을 통해 양자론의 공식은 시간-공간에서의 실제적인 과정과 모순됨이 없이 연결될 수 있다. 반면에 비가역성을 과정에 대한 수학적 설명으로 되돌려 적용하면, 비가역성이란 체계에 대한 관찰자의 불완전한 지식의 결과이거나, 완전히 객관적이지 않은 무엇이다.

블로친체프는 알렉산드로프와는 조금 달리 쓰고 있다. "양자역학에 있어서 입자의 상태 그 자체는 서술되지 않고, 입자가 어떤 총체에 속하는가만 기술되었다. 입자의 소속은 완전히 객관적인 성격을 가지고 있을 뿐, 관찰자의 진술과는 무관하다." 이런 진술 자체는 이미 유물론적 존재론과는 너무나 동떨어진 것이다. 고전 열역학을 예로 들어 보면, 이는 확실히 다르다. 어떤 체계의 열측정이란 관찰자에게는 이 체계가 규준으로서의 총체의 한 표본이라는 의미이다. 관찰자에게 그것은 어쩌면 다양한 에너지를 가질 수 있다. 실제로 고전역학에 있어서 이 체계는 일정한 시간, 일정한 에너지에 대해서 갖고, 나머지는 실현되지 않는다. 이 시점에서 관찰하면 관찰자는 잘못 생각하게 된다. 규준적인 총체는 체계 자체뿐만 아니라, 관찰자의 불완전한 지식에 대한 진술도 포함하고 있다. 블로친체프가 양자론에서 한 체계의 총체로의 귀속성은 철두철미 객관적인 무엇임을 보여주고자 시도할 때, 그는 '객관적'이라는 용어를 고전물리학과는 다른 의미로 쓰고 있다. 왜냐하면 이미 말했듯이 고전물리학에서 이 귀속성이란 체계에 대한 진술 뿐만 아니라, 관찰자의 체계에 대한 이해도에 관한 진술도 의미하기 때문이다. 양자론에서 하나의 예외를 말해두어야 한다. 양자론에서 총체가 위상공간에서의 단 하나의 파동함수를 통해 〔습관적으로 통계적 행렬로서가 아니라〕 특징지어지면, 소위 '순수한 경우' 라고 하는 특수한 상황이 주어진다. 이 '순수한 경우' 에서 설명은 어떤 의미로 '객관적' 이라 할 수 있고, 불완전한 지식의 요소는 간접적으로 나타난다. 모든 계측은 〔이와 결부되어 있는 비가역적 과정 때문에〕 불완전한 지식의 요소를 뒤늦게 다시 가지고 오기 때문에 '순수한 경우' 에도 역시 앞에서 말한 일반적인 경우와 근본적으로 다르지 않다.

우리는 이상의 설명에서 과거의 철학에 근거를 둔 개념체계로부터 새로운 사태를 그려내고, 반대로 한 부대에 새 포도주를 담아보고자 할 때, 낡은 수사를 활용하는 것이 얼마나 어려운가를 알 수 있다. 이런 시도는 항상 고통스럽다. 새 포도주를 즐기기보다는 헌 부대가 갈라지지나 않았는지를 살피는 일에 골몰해야 하기 때문이다. 우리는 백여 년 전에 「변증법적 유물론」을 소개했던 사상가 〔막스 Karl Marx〕가 양자론의 발견을 예견할 수 있었더라면 하고 기대할 수는 없다. '물질' 과 '현실' 이라는 그의 개념은 오늘날 고도로 정밀한 실험기술이 이룩해낸 결과들과 도무지 적합하지 않다.

여기서 자연과학자들의 일정한 세계관에 대한 태도를 잠깐 언급하기로 하자. 그것이 정치적 세계관이든, 종교적 세계관이든 여기서는 상관없다. 정치적, 종교적 세계관의 근본적인 차이는 〔전자는 우리를 감싸고 있는 세계의 물질적 실재와 직접적으로 관련되는 반면, 후자는 물질세계의 저편에 있는 또 다른 실재를 대상으로 삼고 있다〕 그러나 우리의 문제제기에서는 그리 중요하지 않다. 여기서 논의하고자 하는 것은 신념의 문제이다. 지금까지 얘기한 바로 미루어 사람들은 과학자들이란 절대 어떤 특정한 교의를 신뢰하지 않고, 자기의 사고방식을 특정한 철학에 포함시키려 하지 않는다고 말할 지도 모르겠다. 과학자의 인식의 토대는 새로운 경험으로 언제든 변할 수 있다는 마음의 준비를 해야 한다고 요구할 수도 있다. 이런 요구는 그러나 다음의 두 가지 이유로 우리들 삶의 상황을 재차 지나치게 단순화해 버릴 지도 모른다. 첫째 이유는 우리들의 사고체계는 어릴 때 이끌렸던 관념을 통해 형성되고, 이를 통해 위대한 인물과 교류를 갖고 배우게 되기 때문이다. 이런 사고방식은 훗날 우리의 연구에 아주 강력한 영향을 미치게 된다. 또 이로 인해 완전히 다른 관념이나 사고체계와 우리 자신을 맞춰나가는데 어려움이 되기도 한다. 두 번째는 우리가 어떤 공동체 혹은 사회에 소속되어 있다는 이유이다. 공동체는 사상과 가치척도, 삶을 이야기하는 공통의 언어를 공유한다. 이 공통의 관념은 교회나 정당, 국가의 권위에 의해 떠받쳐진다. 그렇지 않을 경우 공동체에 대립되지 않고, 널리 퍼져 있는 보편적 관념을 벗어나기는 어려울 것이다. 그러나 과학적 숙고의 결과는 어떤 공통된 관념들과 모순될 수 있다. 과학자는 결코 자신이 속한 공동체의 충성스런 일원이어서는 안 된다거나, 근본적으로 어떤 집단에 소속될 수 있는 행운을 포기해야 한다는 주장은 확실히 불합리하다. 또는 과학적 시각에서 보면 항상 단순화일 뿐인 어떤 집단의 공통된 사상은 과학적 지식의 진보와 더불어 순간순간마다 변해야 한다는 〔다시 말해 과학 이론의 필연적인 만큼 반대로 이 공통의 사상은 변화무쌍한 것이어야 한다는〕 주장 역시 불합리한 소망일 것이다.

그래서 우리는 다시금 이중의 진리라고 하는 중세 후기의 기독교 역사에서 끊임없이 되풀이되어 온 낡은 문제로 돌아오게 된다. 과학하는 사람은 종교의 반대편에서 그들의 고유한 진리를 추구하며

〔정녕코 종교의 저편에서만 발견할 수 있는 반면에〕, 어떤 양식이든 간에 실증종교는 무수한 사람들에게 거부할 수 없는 욕구라고 하는 반박의 여지가 많은 교의가 있다. 실증종교는 과학이란 비교적(秘敎的)이고, 극히 일부만이 타당하다고 말한다. 오늘날 몇몇 나라에서는 정치적 교의와 사회적 활동이 이런 종교적 역할을 대신하고 있지만, 문제는 본질적으로 동일하다. 과학자의 첫 번째 주장은 지적 정직성이어야 한다. 공동체는 가끔 과학자들에게 이런 요구를 한다. 과학자는 자신의 반대견해를 공개적으로 밝히기 전에, 과학자라면 과학의 변화가능성이라는 관점에서 볼 때, 최소한 수십 년쯤은 기다려야 한다고. 단순히 인내심만으로 해결될 문제가 아니기에 이에 대한 간단한 해결책을 찾기란 실로 어렵다. 그러나 이 문제는 인간의 삶에 통시적(通時的)으로 관련된 끊임없이 반복되는 케케묵은 문제라는 사실로써 다소 위안받을 수 있지 않을까?

다시 양자론의 코펜하겐의 해석에 대한 반론으로 돌아와서 두 번째 부류를 살펴보자. 이 장의 첫머리에 밝힌 대로 이 부류의 반대론자들은 다양한 철학적 해석을 가능케 하기 위해 양자론 자체의 변화를 시도하고 있다. 야노시(Janossy)가 이런 방향으로 조심스런 연구를 했다. 그는 양자역학을 엄밀하게 타당한 것으로 받아들이면, 그것은 고전물리학의 현실표상을 빗나가게 한다는 사실을 알고 있었다. 그리하여 그는 양자론의 많은 연구결과가 유지되고 있지만, 그 구조는 고전물리학의 그것과 매우 근접해 있다는 식으로 양자역학을 변화시키고자 한다. 그의 비판의 초점은 소위 파동군의 환원, 다시 말해 관찰자가 계측결과를 지식으로 삼으며, 체계를 서술하는 파동함수는 단속적(斷續的)으로 변한다는 사실이다. 야노시는 이러한 환원은 슈뢰딩거 방정식〔파동미분방정식〕으로부터 추론될 수 없다고 확증했으며, 이로써 〈정통파〉 해석은 모순에 귀결된다고 믿었다. 알고 있는 바와 같이 〈가능〉에서 〈사실〉로의 전이가 완수되면, 즉 관찰자를 통해 일상적인 서술에서 일어나는 바, 가능한 것으로부터 사실적인 것이 선별되면, 코펜하겐의 해석에서는 언제나 파동군의 환원이라는 문제가 등장한다. 아울러 계측장치가 체계 및 외부세계와 〔형식주의에서는 혼합물의 산출이다〕 불확정한 상호작용을 함으로써 생기는 〈간섭집단 Interferenzglieder〉의 제거는 전제조건이 된다. 야노시는 이제 〈진동감쇄(振動減殺)집단 Dampf-ungsglieder〉을 끌어들임으로써 간섭집단은 제한된 시간 후에 저절로 소멸한다는 식으로 양자역학을 변경하고자 한다. 지금까지의 실험은 이에 대해 아무런 근거점도 허용하지 않고 있지만, 이것이 사실이라면, 야노시가 강조하는바 이런 해석은 또 하나의 놀라운 결과를 〔예를 들어 광속이상으로 전파되는 파동, 움직이는 관찰자에 대해 원인과 결과의 시간적 배열에 따르는 순열, 즉 어떤 좌표계의 표시매김. X, Y, Z 등등〕 가져온다. 그러나 우리는 실험이 이러한 방향으로 떠밀어 넣지 않는 한, 양자론을 이런 해석의 제물로 바칠 의사가 전혀 없다.

'정통' 양자론에 대한 세 번째 부류의 반대자에 속하는 슈뢰딩거는 입자가 아니라 파동의 객관적 모습을 문제 삼는 한, 약간의 예외를 인정한다. 그는 파동을 단순히 확률파로 해석하기를 거부한다. 「양자비약은 있는가?」라는 글에서 슈뢰딩거는 양자비약을 전면적으로 부정한다. 그의 연구는 몇 가지 점에서 일상적인 해석을 오해하고 있다. 그는 위상공간에서의 파동만이 〔수학적으로는 변형행렬이라 부를 수도 있다〕 삼차원의 〈물질파〉 혹은 〈복사파 Strahlungs welle〉가 아니라, 통상의 해석에 있어서 확률파라는 사실을 빠뜨리고 있다. 삼차원의 물질파는 입자와 마찬가지로 너무나도 객관적이고 실제적이다. 이는 확률파와 도무지 관련이 없다. 이는 맥스웰의

장(場)처럼 연속적인 에너지와 충격밀도를 가지고 있다. 슈뢰딩거는 흔히 일어나는 것보다 삼차원 물질파에서 우리는 과정을 보다 연속적으로 파악할 수 있다고 옳게 말하고 있다. 원자물리학에서 흔히 있는 일로, 예를 들어 섬광현상 Scintillationsschirm〔신틸레이션현상: 발광물질에 방사능을 유출할 때 생기는 섬광현상〕에 대해 매우 구체적으로 진술하고 있듯이, 그도 물론 이로써 불연속성이라는 요소를 세상 밖으로 치워버릴 수 있다. 통상의 양자론 해석에서 그것은 가능성에서 실제적인 것으로의 전이가 완수되는 그 자리에 보존되어 있다. 슈뢰딩거는 스스로 반대제안을 가하지 않았는데, 정상적인 해석과 달리 흔히 관찰되는 불연속성의 요소를 끌어들여 무엇인가를 생각하고자 한다.

아인슈타인, 폰 라우에 혹은 이들의 연구가 나타내고자 한 비판은 결국 코펜하겐의 해석이 진실로 물리적 사실을 객관적으로 분명하게 서술할 수 있는가 하는 문제였다. 이들의 중요한 논지는 다음과 같다. 양자론의 수학적 체계는 원자현상의 통계학에 대한 아주 적절한 설명이다. 원자과정의 확률에 관한 양자론의 주장이 전적으로 타당하다면, 그렇다면 이 해석은 우리들의 관찰과는 무관하게 원자에 실제로 무엇이 일어났는가에 대한 설명이 아닌 게 된다. 그러나 뭔가 일어나야 한다는 데는 의심의 여지가 없다. 이 '무엇인가'는 어쩌면 전자, 파동, 입자와 같은 개념으로 설명될 수 없는 것일 수 있다. 그러나 이것이 도무지 설명될 수 없는 것인 한, 물리학의 과제는 충족되지 않고 있다고 말할 수 있다. "양자물리학은 오로지 관찰행위의 문제이다"라는 말은 허용될 수 없다. 물리학자 역시 스스로 만들어놓지 않은 세계, 과학자가 없어도 본질적으로는 그대로의 모습으로 있을 세계를 연구대상으로 한다는 것이 자기 학문에 전제되어야 한다. 그래서 코펜하겐의 해석은 원자과정에 대한 아무런 실제적인 이해를 보증하지 않는다.

이상의 비판이 새로이 낡은 유물론적 존재론을 요구하고 있음을 쉽게 알 수 있다. 그러나 이 비판에 대해 코펜하겐의 해석의 관점에서 어떤 대답을 할 수 있을까?

물리학은 자연과학의 한 부분이고, 그렇기 때문에 이런 특성 내에서 자연에 대한 관계나 자연설명을 위해 노력해야 한다고 말할 수 있다. 어떤 이해든 그것이 과학적인가 아닌가는 우리의 언어에 달려 있고, 우리가 사상을 전달할 수 있느냐에 달려 있다. 모든 현상, 시도 그리고 그 결과에 대한 설명은 이해의 유일한 수단인 언어에 근거하고 있다. 언어를 구성하는 단어는 일상의 개념을 서술하고 있다. 개념은 고전물리학에서 더욱 정교하게 되었다. 이 개념은 이제 각각의 실험의 과정과 배열 그리고 그 결과를 보다 분명히 이해시키고, 전달하는 유일한 도구가 된다. '원자물리학자는 실험에서 실제로 무엇이 일어났는가를 설명해야 한다'고 요구할 경우 〈설명〉, 〈실제로〉, 〈일어난다〉라는 단어는 단지 일상생활 혹은 고전물리학의 개념과 관련될 수 있다. 물리학자가 이 근본원칙을 깨고자 하면 바로 정확하게 이해시킬 가능성은 사라질 뿐만 아니라, 학문을 더 이상 진전시킬 수 없게 된다. 그러므로 무엇이 실로 일어나고 있으며, 일어났는가 하는 진술은 전부 고전물리학의 개념으로 진술된다. 고전물리학의 개념은 열역학과 「불확정성의 원리」 때문에 원자과정의 개별적인 사태에 관해 원래 불완전하다. 양자론적 과정에서 두 번의 연속적인 관찰 사이에서 무엇이 일어나는가를 설명해야 한다는 요구는 '형용의 모순 contradictio in adjecto'이다. 왜냐하면 이 개념은 두 관찰 사이의 공간에서 활용될 수 없는 반면에, 〈묘사한다〉는 단어는 이미 고전개념의 적용을 지칭하고 있기 때문이다.

이 개념은 언제나 관찰의 순간에만 적용될 수 있다.

여기서 한 가지 강조되어야 할 사실은 양자론에 대한 코펜하겐의 해석은 결코 실증적이 아니라는 것이다. 실증주의는 말하자면 일어남의 요소로써, 관찰자의 감각적 인상 Sinneseindrücken에서 출발하는 반면에, 코펜하겐의 해석은 고전적 개념으로 설명될 수 있는 사물이나 사태를 〔다시 말해 모든 물리적 해석의 기초로써, 구체적인 것 Faktische〕 본다. 이로써 우리는 〈미시물리학 Mikrophysik 법칙〉의 통계적 속성은 불가피한 일이라는 점을 알 수 있다. 왜냐하면 모든 구체적인 것의 인식은 양자론적 법칙 때문에 자연히 하나의 불완전한 인식이기 때문이다.

유물론의 존재론은 우리는 존재의 확실성, 나아가 우리를 둘러싸고 있는 세계의 직접적인 확실성은 원자영역에서 관계를 추출할 수 있다는 환상에 뿌리를 두고 있다. 그러나 〈추출 Extrapolation〉은 불가능하다.

코펜하겐의 해석에 대한 반론의 형식적 구조와 관련하여 한가지 더 첨언하면, 지금까지의 모든 반론은 여하튼 간에 양자론의 본질적인 특징인 대칭특성을 제물로 하지 않으면 안 된다고 생각했다. 그래서 우리는 대칭특성을 당시 상대성이론의 〈로렌츠불변수〉처럼 자연의 진짜 속성이라고 간주하는 한, 코펜하겐의 해석은 불가피했음을 받아들일 수 있을 것이다. 지금까지의 모든 실험이 이를 증명하고 있다.

9. 양자론과 물질의 구조

〈물질〉[혹은 "질료"]이라는 말은 사고의 역사 속에서 부단히 그 의미를 변화시켜 왔으며, 철학체계는 나름대로 이를 또 다양하게 해석해왔다. 이 모든 의미는 어느 정도까지 오늘날의 과학 속에서도 여전히 유효하다.

사물의 무한한 변전 속에서 하나의 통일된 원리를 추구했던 탈레스에서 원자론자들에 이르기까지 초기 희랍철학은 이 개념을 하나의 우주론적 물질로, 이로부터 개별적인 사물이 생성하고 다시 원래의 모습으로 돌아가는 온갖 변화를 초래하는 세계의 실체라고 그려냈다. 물질은 더러는 물, 불, 공기처럼 특정성분과 동일시되었고, 더러는 만물을 만들어내는 소재로서의 특징을 갖고 있지 않았다.

나중에 아리스토텔레스 철학에서 물질은 형상과 질료〈혹은 성분〉의 관계로 중요한 역할을 한다. 우리가 현상계에서 관찰하는 모든 것은 모양을 갖고 있는 물질이다. 성분은 그 자체로서는 현실태를 갖지 않는다. 다만 형상을 통해서만 존재하는 하나의 〈가능성 Potentia〉으로 있다. 자연현상 속에서 '존재'는 아리스토텔레스가 말하듯이 가능성으로부터 형상을 통해 실제적인 것, 즉 현실태로 옮겨간다. 아리스토텔레스의 질료는 물이나 공기 같은 특정성분이 아니고, 그렇다고 단순히 허공 Raum도 아니다. 질료는 가능성을 보지(保持)하고 있어서 형상을 통해 현실태로, 구체적인 것으로 옮겨가는 어떤 불확실한 물질적 기체(基體, Substrat) 같은 것이다. 아리스토텔레스 철학에 있어서 형상과 질료의 관계는 생물학의 과정에서 그 전형적인 예를 볼 수 있다. 여기서 질료는 유기체로, 혹은 인간에 의해 예술작품으로 변형된다. 조형물은 조각가에 의해 만들어지기 전에 대리석 속에 잠재적으로 들어 있다.

한참 뒤 데카르트 철학에 와서야 비로소 물질은 정신의 대립물로 등장한다. 세계에는 두 상보적 양상(相補的 樣相)이 있다. 정신과 물질, 데카르트의 말로 〈생각하는 것〉과 〈연장하는 것〉이 그것이다. 자연과학, 특히 역학의 새로운 방법적 원리는 육체적 현상의 정신으로의 환원을 제외하기 때문에, 물질은 인간 정신이나 다른 어떤 초자연적인 힘과 상관없는 그 자체의 고유한 실체로서만 파악된다. 이 시기에 물질은 이미 형상화된 물질이었고, 이 형상화의 과정은 역학적 상호작용의 인과의 사슬로써 밝혀진다. 물질은 아리스토텔레스 철학의 '식물영혼'과의 관계를 상실함으로써, 형상과 질료의 이원론은 이제 아무런 역할을 하지 못한다. 이러한 물질 개념은 오늘날 우리가 쓰는 '물질'이라는 단어에 큰 영향을 미쳤다.

19세기 자연과학에서는 물질과 힘(에너지)의 이원론이 〔당시에는 힘과 성분(재료)의 이원론이라 했다〕 중요한 역할을 했다. 힘은 물질에 영향을 미친다. 또 물질은 힘을 만들어낸다. 물질은 예를 들어 중력을 갖고, 중력은 다시 물질에 작용한다. 물질과 힘은 그래서 물질세계에서 명백히 구분되는 두 측면이다. 힘 역시 형상을 갖는 힘이기에, 이 구분은 다시 아리스토텔레스의 형상과 질료의 구분에 근접해 있다. 현대물리학의 최근의 발전에서는 힘과 성분의 구분은 완전히 소멸된다. 모든 역장은 에너지를 갖기 때문에 힘 역시 물질의 한 부분으로 설명된다. 하나의 독특한 기본입자는 이 역장에 속한다. 입자와 힘의 장은 동일한 실재이면서 상이한 양태를 갖는다.

자연과학이 물질의 문제를 탐구하고자 하면, 맨 먼저 물질과 물질의 모양을 공부해야 한다. 무엇보다도 중요한 연구대상은 물질이 형상으로 변하는 무한한 다양성이다. 우리의 노력은 자연법칙을 발견하고, 자연법칙의 무한한 영역으로 들어가는 길잡이로 역할하는 통일된 원리에 맞춰져야 한다. 그래서 자연과학, 특히 물리학은 오랜 세월동안 물질의 구조와 이 구조를 결정하는 힘을 분석하는 일에 매달려 왔다.

갈릴레이 시대 이후로 자연과학의 기초는 이른바 실험적 방법이다. 실험적 방법은 일반적인 자연경험으로부터 특정한 경험으로의 이행, 또 자연 속에서 특징적인 과정을 선별하는 일을 가능케 했다. 이 과정에서 우리는 자연법칙을 일반적 경험에서보다 직접적으로 연구할 수 있다. 물질의 구조를 연구하고자 하면, 물질을 실험 속에 집어넣어야 한다. 모든 외관상의 변화 속에 숨어 있는 물질의 근본 특성을 알고자 하는 소망으로 이러한 관계 하에서 변화를 연구하려면, 물질을 비정상적인 조건에 내놓아야 한다.

근대 자연과학이 화학적 목적을 위해 추구되는 동안 사람들은 일찍이 화학원소의 개념을 배웠다. 화학자들이 활용할 수 있는 〔가열, 연소, 용해, 합성 등〕 어떤 수단으로도 더 이상 용해되거나 쪼개지지 않는 실체가 〈원소〉이다. 원소라는 개념의 도입은 물질의 구조를 파악하는데 있어서 최초의 중요한 진보이다. 자연 속에 나타나는 성분의 무진장한 다양성은 비교적 몇 안 되는 단일성분, 즉 원소로 환원될 수 있었으며, 이를 통해 다양한 화학적 현상에 대한 어떤 질서가 세워졌다. 〈원자〉는 이제 화학원소에 속하는 물질의 최소단위로 쓰였고, 화학적 결합의 최소입자는 상이한 원자집단보다 좀더 구체적이라고 생각했다. 철원소의 최소입자는 철원자였고, 물원소의 최소입자는 하나의 산소와 두 개의 수소원자로 구성되어 있는 물분자였다.

화학적 과정에 있어서의 질량보존을 발견함으로써 또 하나의 중요한 진보를 이룩했는데, 예를 들어 석탄원소를 태우면, 이산화탄소가 생기고, 이산화탄소의 질량은 태우기 전의 석탄과 산소의 질량의 합과 같아진다. 질량보존의 발견은 물질개념에 최초로 양적 의미를 부여했다. 화학적 특성과 상관없이 이제 질량으로 계측될 수 있었다.

19세기에 와서 많은 새로운 화학원소들이 발견되었고, 지금은 100종이 넘는다. 이러한 발전은 아울러 화학원소 개념이 아직 물질의 단위를 이해할 수 있을 만큼 진보하지 못했음을 보여준다. 상호결합할 수 없는 질적으로 매우 상이한 물질이 있다는 생각은 쉽게 받아들여지지 않았다.

19세기 초에 많은 원소들의 원소무게는 수소의 원소무게와 대략 일치하는 최소단위의 무수한 다양성으로 있는 것처럼 보였다는 사실에서 다양한 화학원소들 간의 결합에 대한 어떤 징후가 보였다. 유사한 화학반응을 갖는 몇몇 원소들이 있다는 사실은 이에 대한 또 하나의 암시였다. 그러나 화학과정에서 일어나는 것보다 훨씬 강력한 에너지를 〔원문에는 '힘'으로 되어 있음. 물질의 기본구조를 - 양성자, 중성자, 전자 - 구성하는 근본성분을 에너지로 보기 때문에, 하이젠베르크는 여기서 에너지를 '힘'으로 표현하고 있다〕 적용함으로써, 사람들은 드디어 상이한 원소들을 실제로 결합할 수 있었고, 물질의 단위에 대한 이해에 접근할 수 있었다.

1896년 베크렐이 방사능붕괴를 발견함으로써 물리학자들은 여기에 관심을 갖기 시작했다. 이어서 큐리, 라더포드 등의 연구는 방사능 붕괴과정에서 원소의 변이를 밝혀냈다. 이 과정에서 알파입자는 원자폭발 파편으로, 화학적 과정에서 한 개의 원자입자가 내는 에너지에 비해 약 백만 배에 달하는 에너지를 방출한다. 그래서 이 입자는 원자의 내부구조를 연구하는 새로운 도구가 되었다. 물질 속에서 알파선의 산란에 관한 실험결과 라더포드는 1911년 원자의 핵모델을 발견했다. 그의 모델은 원자를 원자핵과 그 주변에 있는 전자껍질이라고 하는 두 개의 완전히 다른 부분으로 나누는데 특징이 있다. 원자핵은 중간에서 원자 전체가 차지하는 공간의 극히 작은 부분만 차지하고 있다. 원자핵의 지름은 원자 전체 지름의 십만분의 일에 불과하지만, 원자질량의 거의 전부를 가지고 있다. 소위 기본부하의 무수한 다양성이라고 하는 원자핵의 양전하는 원자핵 주변의 전자의 수를 결정한다. 왜냐하면 원자 자체는 전기적으로 중성을 띠어야 하기 때문이다. 전자의 수는 전자궤도의 모양을 결정한다.

원자핵과 전자껍질에 대한 이런 구분은 화학원소가 물질의 마지막 단위이고, 원소가 다른 원소로 전이하기 위해 매우 큰 힘을 필요로 한다는 사실을 한꺼번에 적절히 설명해주었다. 인접한 원자들의 화학적 결합은 전자껍질의 상호작용으로 야기된다. 이때 상호작용에너지는 비교적 작다. 방전관 속에서 몇 볼트의 전위로 가속되는 전자는 전자껍질을 부드럽게 하고, 빛의 방출을 유발시키기에, 혹은 분자 내에서의 화학적 결합을 파괴하기에 충분한 에너지를 갖는다. 그러나 원자의 화학적 상태는 〔설령 그것이 전자껍질의 상태에 달려 있다고 하더라도〕 원자핵의 전하로써 규정된다. 화학적 특성을 변화시키고자 하면 원자핵 자체를 변화시켜야 한다. 여기서 화학적 과정에서 나타나는 것보다 약 백만 배에 달하는 에너지가 필요하다. 뉴턴의 역학법칙을 충족시키는 체계로 이해되었던 원자핵 모델은 그러나 원자의 안정성을 설명하지 못한다. 앞 장에서 설명한 바와 같이 이 모델에 양자론을 적용함으로써, 예를 들어 탄소원자는 다른 원자들과의 상호작용이 일어나고, 혹은 빛을 방출한 후에도 탄소원자는 여전히 동일한 원자껍질을 가진 탄소원자로 있다는 사실이 설명될 수 있다. 이 안정성은 시간-공간에서 원자에 대한 객관적인 서술을 불가능하게 하는 양자론의 이러한 특성으로 간단히 설명된다.

이와 같이 하여 사람들은 물질을 이해하는 최초의 근본원리를 터득했다. 원자의 화학적 혹은 다른 특징은 양자론의 수학공식을 전자껍질에다 응용함으로써 적절히 설명된다. 이 근본원리에서 출발하여 물질의 구조에 대한 분석을 상이한 두 영역으로 확대해보고자 시도했다. 원자의 상호작용이나, 분자, 결정, 혹은 생물학적 대상과 같은 좀 단위가 큰 물체와의 관계를 연구하거나 원자핵이나 그 한 부분의 연구를 통해 물질의 단위를 명료하게 하는 데까지 나아갈 수 있다. 지난 수십 년 동안의 물리학의 연구는 이 두 방향으로 진전되어 왔다. 다음에서는 이 두 영역에서의 양자론의 역할을 주로 논의해 보기로 하자.

인접해 있는 원자들 사이의 힘은 원래 전기적 힘이다. 대립하는 전하는 끌어당기는 힘(인력)이 있고, 동일한 전하 사이에는 밀어내는 힘(반발)이 있다. 전자는 원자핵에 의해 끌어당겨지고, 다른 전자들에 의해 반발된다. 이 힘은 단순히 뉴턴의 역학법칙만이 작용하는 게 아니라, 양자역학의 법칙도 작용한다.

이는 두 가지 상이한 종류의 원자결합으로 유도된다. 첫 번째 결합방식에서 전자는 예를 들어 거의 완결되어 있는 한, 두 개의 전자껍질을 보충하기 위해 하나의 원자에서 다른 원자로 이전한다. 이 경우 두 원자는 결국 전기를 띄게 되고, 이를 〈이온〉이라 부른다. 이들의 전하는 대립해 있기 때문에 서로 끌어당기게 된다. 화학자들은 이런 경우를 〈이온결합〉〔혹은 극성결합〕이라 부른다.

어떤 의미에서 순전히 양자론에서만 가능한 방식으로써, 두 번째 결합방식은 전자가 두 원자에 다 속해 있는 경우이다. 전자궤도 그림을 필요로 할 경우, 전자는 두 원자핵 주변을 돌고 있으며, 순간적으로 보면 전자는 이쪽 혹은 다른 쪽 원자에 몰려 있다고 말할 수 있다. 이 두 번째 결합방식을 화학자들은 〈원자가결합〉〔혹은 공유결합〕이라 부른다.

상호전이가 가능한 이 두 가지 결합방식으로 원자들의 다양한 집단이 생겨나고, 궁극적으로는 물리학이나 화학에서 연구하는 복잡한 물질구조의 근간을 이루고 있다. 다양한 원자로 구성되어 있는 각각의 작은 집단을 우리는 〈분자〉라 부르는데, 이는 아주 작은 결합집단이다. 이런 식으로 화학적 결합이 생성된다. 결정결합에서 원자는 정상격자(正常格子)로 배열된다. 원자가 조밀하게 포개져 있는 철은 바깥전자가 그 껍질을 떠나 철의 전 부분을 돌아다님으로써 형성된다. 철의 자기는 이 한 개의 전자의 선회운동 때문에 생긴다. 어떤 경우든 물질과 힘의 이원론은 여전히 정당화될 수 있는데, 왜냐하면 전자기적 힘을 공유하고 있는 핵과 전자를 물질의 기초로 볼 수 있기 때문이다.

이런 식으로 물리학과 화학은 물질의 구조에 관련하고 있고, 그래서 하나의 학문으로 된 반면에, 생물학은 매우 복잡한 구조 때문에 좀 다른 것과 관련을 맺고 있다. 관심을 끄는 유기체의 전체성에도 불구하고 생명을 가진 것과 그렇지 않은 물질의 차이는 아직 뚜렷이 구별되지 않았다. 우리는 큰 분자, 혹은 그러한 분자들의 고리나 분자집단을 통해 이루어진 독특한 생물학적 역할로 생물학 발달의 많은 예를 볼 수 있다. 이러한 지식을 토대로 해서 현대 생물학에서는 생물학적 과정을 물리학이나 화학의 법칙으로 설명해 보고자 하는 경향이 증가하고 있다. 우리가 유기체에서 인지하는 안정성은 그 속성상 원자나 화학적 결정의 안정성과 다르다. 양자론의 법칙은 생물학적 과정에 있어서도 중요한 역할을 한다. 예로써 독특한 양자역학적 힘은 화학의 원자가(原子價) 개념으로는 부정확하게 기술되는 반면에, 이는 유기체 분자에 대한 이해, 또 이들의 다양한 기하학적 배열에 관해 매우 구체적이다. 빛으로 야기되는 돌연변이에 관한 연구에서도 양자론의 법칙의 통계적 특징이 중요함을 보여준다. 우리의 신경계와 전자계산기의 기능에 매우 유사한 점이 있다는 것은 유기체에서의 개별적인 기본과정이 얼마나 중요한가를 보여준다. 그렇다고 하더라도 이런 예가 물리학과 화학이 진화론과 더불어 언젠가는 유기체의 완전한 설명을 가능케 하리라는 점을 증명하지는 않는다. 생물학의 과정은 물리학이나 화학의 과정에 비해 매우 신중하게 다루어져야 한다. 보어가 말했듯이 유기체에 대한 설명이란 물리학자의 관점에서 보면 도무지 불가능하다고 말할 수 있을지도 모르겠다. 왜냐하면 그러한 설명은 생물학적 작용과 심한 갈등에 빠질 지도 모르기 때문이다. 보어(Bohr)는 이러한 상황에 대해, 생물학에서는 인간을 이용한 실험결과보다 우리가 속해 있는 자연 속에서의 가능성의 실현과 훨씬 더 밀접하게 관련되어 있다고 말한다. 이러한 원리를 암시하는 상보적 상황은 한편으로는 물리학-화학의 방법과 결과를 충분히 활용하는 반면에, 다른 한편으로는 부단히 물리학이나 화학에는 없는 〔예를 들면 생명이라는 개념과 같은〕 유기적 자연의 특성과 관련된 개념을 씀으로써 현대 생물학의 방법과 경향을 반영하고 있다.

우리는 지금까지 원자에서 무수한 원자들로 구성되어 있는 복잡한 구조물에 이르기까지 〔원자물리학에서 고체물리학, 화학, 생물학으로 이어지는〕 물질의 구조에 대한 분석을 추적해보았다. 이제 이와는 반대 방향으로 논의를 전개시키기로 하자. 즉 원자의 외부에서 내부〔원자핵〕, 그리고 마지막으로 기본입자에까지 들어가 보기로 하자. 이 두 번째 방식이 우리를 비로소 물질의 단위에 대한 이해로 인도할 것이다. 어떤 특징적인 구조가 실험 그 자체로 인해 파괴될 지도 모른다는 걱정은 할 필요가 없다. 실험을 통해 물질의 원칙적인 통일성을 검토하는 것이 우리들의 과제라고 할 때, 물질이 궁극적으로 어떻게 다른 물질로 변화되는지를 보기 위해서는 물질에다 가능한 한 강력을 에너지(힘)를 주면 된다.

이 시도의 첫 번째 절차는 원자핵의 실험적 분석이다. 금세기 첫 30년 간의 실험초기에 있어서 원자핵 실험에 쓰일 수 있었던 유일한 도구는 방사능 물체에서 방출되는 알파입자가 고작이었다. 알파입자의 도움으로 1919년 라더포드(Rutherford)는 가벼운 원소의 원자핵을 변화시키는 데 성공했다. 그는 알파입자를 질소핵에 고정시키고 동시에 그것을 양성자로 바꿈으로써, 질소핵을 산소핵으로 변화시킬 수 있었다. 이것이 원자핵 차원에서 일어나는 과정에 대한 최초의 시도였다. 이로써 원소의 인공적인 변화가 가능해졌다. 그 다음 진보는 고전압장치로 양성자에서 핵변이를 가능케 하는 에너지에 이를 때까지 인공적으로 가속하는 것이었다. 이를 위해 약 백만 볼트의 전압차가 필요하다. 코크로프트(Cockeroft)와 웰톤(Walton)은 리튬원소 Lithium의 원자핵을 헬륨원소의 핵으로 변화시키고자 했던 결정적인 실험으로 이를 성공했다. 이 실험의 성공으로 하나의 완전히 새로운 분야의 연구가 가능해졌는데, 이것이 바로 핵물리학이다. 이는 곧바로 원자핵의 구조에 대한 정성적(定性的) 이해로 인도되었다.

원자핵의 구조는 매우 간단하다. 그것은 다만 두 개의 상이한 기본입자로 구성되어 있다. 하나는 양성자인데, 이는 동시에 수소의 원자핵이기도 하다. 다른 하나는 중성자라 불리는데, 양성자와 대충 비슷한 질량을 가지고 있으며 특히 전기적으로 중성이다. 모든 원자핵은 이를 구성하고 있는 양성자와 중성자의 수로 규정될 수 있다. 예를 들어 탄소원자핵은 여섯 개의 양성자와 여섯 개의 중성자로 되어 있다. 드문 경우이긴 하지만 어떤 탄소원자핵은 〔이를 '동위원자 Iotopen' 라 부른다〕 여섯 개의 양성자와 일곱 개의 중성자로 되어 있는 경우도 있다. 이리하여 우리는 물질의 설명에 이르렀다. 여기서 우리는 무수한 화학원소를 양성자, 중성자, 전자라고 하는 세 가지 기본단위, 혹은 세 가지 기본요소로 말할 수 있다. 모든 물질은 원자로 구성되어 있고, 그래서 물질의 마지막은 이러한 세 가지 기본요소로 구성되어 있다. 물질의 마지막에 대한 이런 지식은 물질의 단위와 동일한 의미는 아니었지만, 물질의 최소단위로의 중요한 진보였을 뿐만 아니라, 또 하나 더욱 중요한 사실은 엄청난 단순화이다. 그러나 원자에 대한 두 가지 기본요소로부터 이 구조에 대한 보다 완전한 이해로 나아가는 길은 아직 멀었다. 여기서 문제는 20년대 중반에 해결된 원자외피에서의 문제와는 다른 것이었다. 원자껍질은 입자들 사이의 힘이라고 거의 정확하게 알려졌다. 그러나 역학법칙이 우선 발견되어야 했고, 그리고 나서 양자역학에서 공식화되었다. 원자핵에서의 역학법칙은 본질적으로 양자역학의 법칙이라는 사실을 가정할 수 있었으나, 입자들 간의 힘은 알려지지 않았다. 그래서 우리는 이를 원자핵의 실험적 특성으로부터 제외해야만 했다. 이 문제는 여태껏 분명히 해결되지 않고 있다. 힘은 확실히 껍질 밖에 있는 전자들 간의 정전기적 힘과 같이 단순한 모양을 갖지 않는다. 그래서 원자핵의 특성을 복잡한 힘으로부터 끌어내기란 수학적으로 어렵다. 특히 실험의 부정확성이 그러한 진보를 어렵게 한다. 그렇지만 질적으로는 원자핵의 구조는 충분히 밝혀져 있다.

그리하여 결국에 남는 것은 물질의 단위라는 가장 중요한 문제이다. 기본입자는 〔양성자, 중성자, 전자〕 정말로 물질의 마지막이며, 더 이상 쪼갤 수 없는 물질의 기초, 즉 데모크리토스의 철학의 〔힘이라든가 원자들 사이의 작용은 제쳐 놓고라도, 아무런 대립적인 관계를 갖지 않는〕 '원자' 인가? 기본입자는 동일한 물질의 다양한 형태일 뿐인가? 그래서 기본입자는 서로서로 전이할 수 있거나, 물질의 또 다른 형태로 진행될 수 있는 것일까? 이 문제를 실험적으로 탐구하고자 하면, 힘과 원자의 입자에 들어 있는 에너지를 요한다. 〔이는 원자핵을 관찰할 때 사용된 것보다 훨씬 크다〕 원자핵에 저장되어 있는 에너지는 실험에 그렇게 많이 필요하지 않기 때문에, 물리학자들은 우주에서 〔즉 별과 별 사이의 공간 혹은 별 표면에서〕 힘을 이용하든지, 기술자의 수완을 믿든지 해야 한다.

진보는 실로 이 두 길에서 완성되었다. 물리학자는 우선 소위 우주의 빛을 활용했다. 무한한 공간상에 펼쳐져 있는 별 표면의 전자기장은 적절한 환경 하에서 전기적 성질을 가진 원자입자, 전자, 원자핵으로 가속할 수 있다. 핵은 큰 질량으로 인해, 가속장(加速場) 내에서 오래 존속할 수 있는 가능성을 이미 가지고 있다. 결과적으로 핵이 별 표면에서 텅 빈 공간으로 소산(消散)하면, 핵은 종종 평균 수십억 볼트의 전위장을 갖는다. 또 다른 가속은 적절한 조건 하에서 별들 사이의 가변적인 자기장 속에서도 일어난다. 아무튼 원자핵은 은하계의 공간 속에서 오랜 시간 가변적인 자기장을 통해 유지된다. 그리하여 원자핵은 우리가 우주의 빛이라 부르는 것과 함께 은하계의 공간을 채운다. 이 빛은 밖으로부터 지구에 도달하고, 수소 헬륨에서부터 무거운 원소들에 이르기까지 무수한 종류의 원자핵으로 구성되어 있다. 이 원자핵의 에너지는 수억 혹은 수십억 전자볼트에서부터 이의 백만 배에 이르는 에너지로 변화한다. 만약 매우 강렬한 빛입자가 지구의 대기권 밖에서 침투해 들어오면, 대기 중의 질소, 산소원자들과 만나게 되거나 혹은 우주의 빛에 노출시켜 놓은 어떤 실험장비의 원자와 마주치게 된다. 그러면 이 영향을 다시 탐구할 수 있다.

또 다른 가능성은 대규모의 가속기를 설치하면 된다. 로렌쓰(Lawrence)가 30년대 초 캘리포니아에 세웠던 소위 싸이클로트론 Cyclotron이 가속기의 전례라 할 수 있다. 이 장치를 세움에 있어서 그는 거대한 자기장을 통해 부하가 걸린 원자입자를 자주 하나의 순환주기를 돌게 함으로써, 그리하여 입자들은 이 원형궤도 위에서 부단히 전기장을 통해 가속될 수 있다는 점에 착안했다. 수억 전자볼트까지 이르는 에너지를 내는 장치는 지금은 지구상 여러 곳에서 가동 중에 있다. 유럽에서는 영국에서 처음으로 설치했고, 유럽 12개국이 공동으로 거대한 가속기를 제네바에 설치했다. 이 가속기를 세우고 나서 사람들은 250억 전자볼트에 이르는 에너지를 양성자에 가할 수 있을 걸로 생각했다. 우주의 빛이나 거대한 가속기의 도움으로 이룩된 연구는 물질에 대한 새롭고, 흥미로운 특성을 밝혀냈다. 물질의 세 가지 기본구조〔양성자, 중성자, 전자〕 말고도 새로운 기본입자들이 발견되었다. 이들은 매우 높은 에너지 상태의 충돌과정에서 생겨났다가 다른 기본입자로 전이되면서 금방 소멸해 버린다. 새로운 기본입자들은 그 불안정성을 빼고는 그전부터 있던 기본입자와 유사한 속성을 가지고 있다. 그중 가장 안정된 기본입자일 경우도 존속시간은 겨우 백만 분의 일초에 불과하고 나머지들은 그보다 백 배, 천 배 더 짧다. 지금까지 알려진 새로운 기본입자는 약 25종에 달한다. 그중 가장 최근에 밝혀진 것은 〈반양성자 Antiproton〉라 불리는 것이다.

물질의 기본구조의 수효는 화학원소의 숫자와 맞먹을 만큼 증가했기 때문에 이러한 연구결과는 얼핏 보면 다시금 물질의 단위에 관한 생각으로 되돌려놓는다. 그러나 이는 사태에 대한 적절한 해석이 아니다. 이런 시도는 입자는 다른 입자에서 생겨나고, 또 다른 입자로 전이될 수 있으며, 입자들은 입자의 단순한 운동에너지로 형성되는 게 아니라, 운동에너지를 통해 다시 사라질 수 있다는 사실, 또 다른 입자는 입자들 내에서 생성함을 보여주었다. 다시 말해 문제는 물질의 완벽한 전이가능성을 보여주었다는 사실이다. 모든 기본입자는 충돌에서 다른 입자로 전이하기에 충분한 에너지, 간단히 말해 운동에너지를 산출한다. 기본입자는 에너지로, 예를 들어 빛으로 전이할 수 있다. 그래서 우리는 여기서 물질의 단위에 대한 확실한 증거를 갖게 된다. 모든 기본입자는 동일한 본질, 동일한 성분으로 구성되어 있다. 우리는 이 기본이 되는 본질과 성분을 에너지 혹은 〈보편물질 universalle Materie〉이라 부르고자 한다. 이는 다양한 형상만 가지고 있다. 이 속에서 물질이 나타난다.

이러한 사태를 아리스토텔레스의 형상과 질료라는 개념과 비교하면, 우리는 이렇게 말할 수 있다. 본질적으로 〈잠재태〉, 즉 가능성으로 있었던 아리스토텔레스의 물질은 우리가 규정한 에너지 개념과 비교될 수 있지 않을까? 기본입자가 산출된다는 말은 에너지가 형상을 통해 물질적 현실태로 나타남을 의미한다.

현대물리학은 물론 물질의 기본구조에 대한 정성적 설명에 만족하지 않는다. 물리학은 조심스럽게 수행된 실험적 기초 위에서 기본입자와 기본입자의 힘이라고 하는 물질의 모양을 규정하는 자연법칙을 수학공식으로 제시하고자 시도해야 한다. 물질과 힘(에너지) 혹은 물질과 성분의 뚜렷한 구분은 더 이상 물리학의 영역에서 수행될 수 없다. 왜냐하면 각각의 기본입자는 스스로 힘을 유발하고, 이 힘에 의해 영향을 받을 뿐만 아니라, 동시에 기본입자 스스로 일정한 힘의 장으로 재현되기 때문이다. 입자와 파동이라는 양자론의 이원론 역시 동일한 실체가 물질이면서 동시에 힘으로 나타나는 것과 동일하다.

소립자의 자연법칙을 수학공식으로 나타내 보고자 하는 시도는 지금까지 파동장(波動場)의 양자이론과 더불어 시작되었다. 이 분야의 이론적 연구는 이미 30년대 초반에 시도되었다. 최초의 연구결과 양자이론을 특수상대성이론과 결합하고자 함으로써, 심각한 문젯거리를 내놓았다. 얼핏 보아서 두 이론〔양자론과 상대성이론〕은 실제로 서로 전혀 상관없는 자연의 상이한 측면과 관련되는 것으로 보인다. 그러나 세밀히 연구해 보면 이 두 이론은 일정한 문제에 대해 상충되고, 이런 문제에서 또 다른 어려움이 생겨난다.

특수상대성이론은 뉴턴역학 이래로 우리가 생각했던 구조와는 다른 시간-공간 구조를 밝혀냈다. 새로이 발견된 구조에서 가장 특징적인 것은 한계속도가 있다는 것이다. 한계속도는 어떤 운동체나 전파되는 신호로도 뛰어넘을 수 없다. 이것이 광속도이다. 이로써 귀결되는 바, 이 두 사태가 이런 식으로 일어나면, 〔즉 일정한 지점에서 어떤 사태가 시작되는 순간에 빛신호가 다른 사태가 일어난 후에 도달하거나 그 반대일 경우〕 아주 멀리 서로 떨어져 있는 두 지점에서 시작되는 두 사태는 아무런 인과적 관계를 갖지 않는다. 이 경우 우리는 두 사태를 동시적이라 말할 수 있다. 한 사태는 같은 시간에 일어난 다른 사태에 아무런 영향도 미칠 수 없기 때문에, 두 사태는 물리적 작용으로 연결될 수 없다.

이런 이유로 매우 먼 거리에 있는 어떤 영향은 〔뉴턴역학의 중력에서와 같이〕 특수상대성이론과 결합될 수 없다. 새로운 이론은 이러한 영향을 '근사한 영향', 즉 한 지점에서 바로 인접해 있는 지점에 대해 〈힘의 전이〉로 보충해야 한다. 이런 영향에 대한 가장 자연스러운 역학적 설명은 로렌츠변형에 대해 불변인 파동과 장에 대한 미분방정식이다. 이 미분방정식은 동시적인 사태 간의 직접적인 영향을 배제한다.

그래서 특수상대성이론의 시간-공간의 구조는 어떤 영향도 전달될 수 없는 동시성의 영역과 한 사태에서 다른 사태로의 직접적인 영향이 시작될 수 있는 영역 간에 아주 엄격한 한계가 설정된다.

반면에 양자론의 〔불확정성의 원리〕는 위치와 운동량 혹은 시간과 에너지를 동시에 잴 경우 그 정확성의 한계를 명백히 설정한다. 엄격한 한계란 공간-시간에서의 위치에 대한 무한한 정밀도를 의미하기 때문에, 거기에 상응하는 운동량과 에너지는 분명 부정확해야 한다. 즉 임의의 운동량과 에너지는 매우 높은 확률로 나타날 뿐이라는 말이다. 특수상대성이론이나 양자론을 동시에 충족시키고자 하는 이론은 그래서 수학적 모순으로 귀결된다. 말하자면 매우 높은 운동량과 에너지 상태에서는 들어맞지 않게 된다. 이런 결론은 어쩌면 적확하지 않을 지도 모른다. 왜냐하면 여기서 고찰된 모든 공식은 매우 복잡할 뿐 아니라, 상대성이론과 양자론 간의 모순을 피할 어떤 수학적 가능성을 줄 지도 모르기 때문이다. 그러나 지금까지 시도해 본 모든 수학공식은 이러한 모순으로 귀결되었고, 두 이론의 요구조건을 충족시키기에 충분하지 않았다. 문제의 어려움은 바로 여기에 있다.

그 자체로 수렴하는 수학적 체계가 두 이론의 요구조건을 충족시킬 수 없다는 성질 그 자체가 매우 흥미롭다. 시간-공간에서의 실제 과정으로 해석하고자 할 때, 이런 체계는 예를 들어 일종의 시간에의 반전으로 인도되었다. 이는 일정한 시점에서 갑자기 기본입자가 산출되고, 에너지는 기본입자들 간의 어떤 또 다른 충돌과정을 통해 조금 뒤에 생기는 과정을 묘사한다. 물리학자들은 실험을 통해 만약 두 과정이 최소한 시간-공간상에서 계측 가능한 간격으로 따로 떨어져 있을 경우, 이런 과정이 자연 속에서는 나타나지 않는다고 확신한다. 수학적 과정으로 공식의 상위(相違)를 피해 보고자 하는 또 다른 이론체계가 시도되었다. 이를 〈재규범화 Renormierung〉라 부른다. 이는 공식 내에서의 무한을 계측 가능한 크기들의 확실히 정해진 관계의 산출을 방해할 수 없는 자리로 옮겨 놓을 수 있다는 것이다. 실제로 이 체계는 양자-전자기역학에 있어 결정적인 진보를 끌어냈다. 수소스펙트럼에서 지금껏 설명되지 않았던 몇몇 매우 흥미로운 사실에 대한 보고가 있다. 이 수학적 체계에 대한 보다 정확한 분석은 그러나 일반적인 양자론에서 확률로 표현되는 크기는 재규범화의 과정이 수행된 후의 조건하에서는 어쩌면 부정적일 수도 있는 것으로 되어 버렸다. 부정적 확률이란 무의미한 개념이기 때문에, 이는 물론 물질의 설명에 대해 공식의 모순 없는 해석을 배제한다.

이로써 우리는 현대물리학의 중심테마에 이르렀다. 이에 대한 해답은 어느 날 다양한 기본입자와 그 생성과 소멸, 그리고 이들 간의 힘을 부단히 정확하게 계측하려는 노력을 함으로써 주어지게 될 풍부한 실험 자료로부터 주어질 것이다. 문제점에 대한 가능한 해결책을 찾고자 하면, 우리는 이 과정이 지금까지의 실험장비로 사태를 개별적으로 추적할 수 없는 아주 작은 시간-공간-영역 내에서만 시작되었다면, 이러한 과정은 앞서 말한 외관상의 시간의 반전으로 실험적으로 완결될 수 없다는 사실을 기억해야 한다. 이로부터 훗날 물리학의 보다 발전된 단계에서 그 가능성이 귀결되었다면, 물론 지금의 지식수준에서는 시간 반전으로 이러한 과정을 가능한 것으로 볼 수 없으며, 우리가 통상 원자과정을 관찰하듯이 이 사태를 추적할 수 없다. 양자론의 분석과 상대성이론의 분석을 비교함으로써, 문제에 새로운 가능성을 던져준다.

상대성이론은 광속이라고 하는 보편적인 자연불변수 Naturkonstante와 연결되어 있다. 이 불변수(상수)는 시간과 공간 사이의 관계에 대해 결정적인 중요성을 갖는다. 그래서 로렌츠불변수를 충족시키는 모든 자연법칙에 포함되어 있다. 우리의 일상언어와 고전역학의 개념은 오로지 현상에만 적용될 수 있고, 여기서 광속은 실제

무한한 것으로 간주된다. 실험에서 우리가 광속의 어떤 형태로 접근하고자 하면, 일상의 개념으로는 더 이상 표현될 수 없는 결과를 예상해야 한다.

양자론은 플랑크상수〔Plancksche Wirkungsquantum: 막스 플랑크가 도입한 보편적 자연상수, $\Delta x \cdot \Delta p \geq h$, $h = \frac{h}{2}\pi$ 로 표시된다〕라고 하는 다른 보편적 자연불변수와 연결되어 있다. 시간-공간에서의 사태에 대한 객관적인 설명은 우리가 비교적 큰 척도에서 대상이나 사태와 관계되는 경우, 즉 플랑크상수가 실제로 무한히 작은 것으로 간주되는 경우에서만 가능하다. 실험에서 플랑크상수가 문제가 되는 영역에 접근하고자 하면, 이 책 앞 장에서 말했듯이 일상적인 개념 전반에 곤란이 야기된다.

세 번째 보편적인 자연불변수가 있어야 한다. 이는 물리학자가 말하듯이 차원의 기초로부터 추론된다. 보편적 상수는 자연의 척도를 결정하고, 우리에게 일정한 크기를 제공한다. 우리는 자연 속에서의 모든 다른 크기를 이 크기로 환원할 수 있다. 그러나 이러한 단위를 완전한 공리로 만들기 위해서는 최소한 세 가지 기본단위가 필요하다. 가장 간단하게 우리는 도량의 척도를 마치 물리학자가 '그램-센티미터-초'라는 체계를 쓰듯이 습관으로 알 수 있다. 완전한 체계를 형성하기 위해서는 길이의 단위, 시간의 단위, 질량의 단위로 충분하다. 최소한 이 세 가지 기본단위는 필수적이다. 우리는 이를 길이와 속도와 질량 혹은 길이, 속도, 에너지의 단위로 대체할 수 있다. 광속도 및 플랑크상수로 이미 우리는 두 가지 단위를 얻었다. 이제 세 번째 단위가 필요한데, 이 세 번째 단위를 포함하는 이론으로 어쩌면 기본입자의 질량 혹은 다른 특성을 규정할 수 있을지도 모른다. 기본입자에 대한 현재의 지식에서 출발하면, 가벼운 원자핵의 지름과 비교될 만한, 가령 10^{-13}cm의 크기를 가진 보편적 길이가 있다고 가정하는 것이 세 번째 보편적 상수를 끌어들이기에 가장 간편하고, 적절한 방법일 것이다. 이 세 가지 기본단위로 질량의 차원을 포함하는 어떤 표현을 만들어 보면, 이 질량은 보통의 기본입자의 질량과 일치한다.

자연법칙은 실제로 10^{-13}cm만한 길이의 차원에 세 번째 보편적 상수를 가지고 있다고 가정하면, 우리는 다시 일상적인 개념은 다만 다른 보편적 길이상수와 비교해서 매우 큰 시간-공간의 영역 위에서만 적용될 수 있다는 사실을 생각해 볼 수 있다. 원자핵의 지름보다 작은 시간-공간 영역에 접근하고자 하면, 우리는 질적으로 전혀 다른 특성을 가진 사태를 관찰해야 한다. 이론적 고찰로써만 가능한 조금 전에 얘기한 시간 반전 현상은 그래서 최소의 시간-공간-영역에 속한다. 이것이 옳다면 어쩌면 우리는 이로부터 사태를 고전개념으로 서술할 수 없다는 그런 방식으로 관찰될 수 없을지도 모른다. 그러한 과정은 그것이 고전개념으로 쓰여지는 한, 고전적 시간기준을 보여 주어야 한다. 그러나 한동안 최소 시간-공간-영역에서의 사태에 관해서는 〔혹은 「불확정성의 원리」에 따라 큰 에너지 및 운동량 이전에서는 이 진술과 대강 일치한다는 사실은〕 아직 별로 알려져 있지 아니하다.

기본입자 실험으로부터 물질의 구조, 그리고 이로써 기본입자를 규정하는 자연법칙에 관해 보다 많은 것을 알고자 하는 시도에서 대칭특성은 아주 중요한 구실을 한다. 앞에서 플라톤 철학에서 물질의 최소 부분은 정육면체, 정팔면체, 정이십면체, 정사면체 등 대칭적 형상을 가졌다고 설명한 바 있다. 현대물리학에서는 삼차원 공간을 선회하는 무리로부터 얻는 이 독특한 대칭특성은 이제 관심의 초점은 아니다. 근대 자연과학에 머물러 있는 것은 공간적 형태가 아니라, 법칙이다. 즉 공간-시간적 양식으로서, 현대물리학에 관련되는 상관적 대칭은 항상 시간과 공간에 동시적으로 관련되어야 한다. 그러나 어떤 대칭은 실제로 기본입자이론에서 가장 중요한 역할을 하는 것으로 보인다.

우리는 소위 보존법칙, 혹은 양자수의 체계를 통해 이 대칭을 경험적으로 알고 있다. 이로써 기본입자에서 일어나는 바를 경험에 따라 배열할 수 있다. 우리는 수학적으로 물질의 기본법칙은 어떤 변형집단에 대해 불변적이어야 한다는 주장으로 이를 말할 수 있다. 이 변형집단은 대칭특성에 대한 가장 단순한 수학적 표현이다. 대칭특성은 현대물리학에서 플라톤의 〈물체〉의 자리에 놓인다. 가장 중요한 것은 여기서 간략히 언급되고 있다.

소위 로렌츠변형이라는 집단은 특수상대성이론이 발견한 시간-공간의 구조를 규정한다. 파울리와 귀르세이(Gürsey)가 연구한 집단의 하나는 이 구조 속에서 삼차원 공간을 선회하는 무리와 일치한다〔수학자들은 이 무리를 동형무리 isomorph라 말한다〕. 또 이미 25년 전에 경험적으로 기본입자에서 발견되었던 〈이소스핀 Isospin〉〔기본입자의 수에 따라 구분하는 양자수〕이라는 양수로 나타난다.

고정된 축 위를 선회하는 무리와 같은 형식을 취하는 또 다른 무리는 부하, 바리온 양자수 Baryonenzahl, 렙톤양자수 Leptonenzahl의 보존법칙으로 유도된다.

마지막으로 자연법칙을 일일이 열거할 수는 없지만, 어떤 반사작용에 관해서도 불변이어야 한다. 이 문제 대한 이(Lee)와 양(Yang)의 〔중국 태생의 미국 핵물리학자, 리 충다오(Lee Tsung-Dao)와 양 첸닝(Yang Chen-Ning)을 말함. 이들은 1957년 노벨 물리학상을 받았다〕 연구는 '동등성 Parität' 이라 불리는 어떤 크기는 〔사람들은 일찍이 이 크기에 대해서도 보존법칙을 받아들였다〕 실제로는 보존되지 않는다는 놀라운 사실을 증명해 주었다.

지금까지 알려진 모든 대칭특성은 아주 간단한 방정식으로 설명될 수 있다. 이는 언급된 모든 변형집단에 대해서도 무차별함을 의미한다. 이로써 우리는 이 방정식이 물질의 자연법칙을 올바르게 서술하고 있다고 생각할 수 있다. 이의 결정은 아직 이루어지지 않았지만, 시간이 흐르면 이 방정식에 대한 보다 정확한 수학적 분석으로, 또 충분한 실험 자료와 비교함으로써 얻어질 것이다.

이런 특수한 가능성을 제쳐 놓고라도 우리는 어느 날 가장 높은 에너지를 가진 기본입자의 영역에서 수학적 분석과 실험의 상호작용을 통해 물질의 단위에 대한 보다 정확한 이해에 도달할 수 있을 거라는 희망을 가져볼 수 있다. 〈완벽한 이해〉라는 말은 물질의 형상은 〔아리스토텔레스 철학에서와 비슷한 의미로〕 하나의 결과로서, 즉 물질의 자연법칙을 설명하는 완결된 수학적 체계의 해답으로 나타난다는 사실을 의미한다.

10. 현대물리학에 있어서의 언어와 현실

자연과학의 전 역사를 통해 위대한 발견과 새로운 사상은 부단히 과학논쟁을 불러일으켰다. 새로운 사상을 비판하는 논쟁적인 출판물이 나왔고, 이러한 비판은 과학발전에 아주 유용하게 활용되었다. 지금까지의 과학논쟁 중에서 「상대성이론」이 발표되었을 때만큼 격렬한 논쟁을 불러일으킨 적은 없었다. 「양자론」이 나온 후에도 그와 비슷한 논쟁이 뒤따랐다. 상대성이론과 양자론의 경우 학술적인 문제가 정치적인 논쟁에까지 비화되기도 했는데, 몇몇 학자들은 정치에 의지하여 자신의 관점을 관철하고자 하는 경우도 있었다. 20세기 현대물리학의 발전이 얼마나 격렬했던가는 이로 인해 물리학 혹은 자연과학 전체가 동요했다는 사실로 충분히 이해된다. 아울러 이런 동요로 인해 자연과학의 토대가 완전히 무너졌다는 위기감을 야기하기도 했다. 이는 또한 인간이 아직 새로운 상황을 이야기할 수 있는 적확한 언어체계를 찾아내지 못했다는 의미인 동시에, 너나 할 것 없이 새로운 사상을 더러는 부정확하고, 더러는 잘못된 주장을 소개함으로써, 도리어 온갖 오해를 불러일으켰다고 볼 수 있다. 근본적인 문제점은 바로 여기에 있다. 오늘날 좀더 개선된 실험기술은 일상용어, 혹은 과거 물리학으로는 도무지 설명할 수 없는 새로운 자연의 모습을 자연과학에 제시하고 있다. 새로운 자연의 모습은 어떤 언어로 설명될 수 있을까?

과학적 설명과정에서 얻는 첫 번째 언어는 이론물리학이 주로 쓰고 있는 수학언어이다. 다시 말해 미래에 수행될 실험의 결과를 예언할 수 있는 수학공식이다. 물리학자들은 자신이 실험의 해석에 적용할 수 있는 수학공식을 알고 있다는 사실만으로 만족할 지 모른다. 그렇지만 그는 실험결과를 물리학자 뿐만 아니라, 물리학자가 아닌 사람들에게도 설명해야 한다. 물리학자가 아닌 사람은 그것이 아무나 이해할 수 있는 일상언어로 설명되지 않을 경우 만족하지 못하며, 완전히 이해할 수 없다. 일상언어로의 설명가능성은 물리학자에게는 자기 분야를 얼마나 잘 이해하고 있느냐 하는 기준이 된다.

어디까지 우리가 일상언어로 설명할 수 있을까? 예를 들어 원자를 일상언어만으로 설명할 수 있을까? 이는 물리학의 문제인 동시에 언어의 문제이다. 우선 언어 일반, 특히 학술언어에 관해 몇 가지 견해를 살펴보자.

언어는 역사 이전부터 이해의 한 수단으로, 사고의 기초로써 인간들에 의해 만들어졌다. 언어의 형성과정, 그 다양한 진보과정에 대해 별로 잘 알지는 못하지만, 언어는 일상의 사태를 가능한 한 분명하게 이해하기 위한 합리적인 도구라고 생각된다. 개념은 비판적 분석을 거치지 않고 언어를 활용하는 가운데, 자연스럽게 주어졌다. 우리는 한 단어를 자주 사용하면 그 단어가 의미하는 바를 좀더 정확히 알 수 있다고 믿는다. 물론 단어들은 즉물적(卽物的)으로 분명하게 정의되어 있지 않을 뿐만 아니라, 매우 제한된 적용범위만 갖고 있다는 사실도 잘 알고 있다. 나무 한 토막, 쇠붙이 한 토막이라고 말할 수 있지만, '물 한 토막'이라고 말하지는 않는다. '토막'이라는 단어를 액체에 대해 쓸 수 없다. 개념의 한계를 보여주는 또 다른 예로서 보어는 다음과 같은 이야기를 예로 든다. 한 꼬마가 1 페니히를 손에 쥐고 가게로 와서 "1페니히로 여러 가지 맛이 섞인 gemischte 사탕 하나를 살 수 있을까요?"라고 묻는다. 가게 주인은 사탕 두 개를 꺼내 아이에게 주면서, "섞는 것은 네가 직접 해라!"라고 말한다. 단어와 개념의 잘못된 관계를 보여주는 단적인 예는, 색맹인 사람에게 '붉다', '푸르다'라는 단어의 적용한계는 정상인 사람과는 분명 달라야 함에도 불구하고, 색맹인 사람도 똑같이 '붉다', '푸르다'라는 단어를 쓴다는 사실이다.

단어의 의미의 근본적인 불확실성은 일찍부터 알려져 있었고, 그래서 개념정의에 대한 욕구가 생겨났다. 다시 말해 〈개념정의〉라는 단어가 적용될 수 있는가, 그렇지 못한가 하는 한계설정에 따라 '개념정의'라는 단어를 말한다. 그러나 개념정의는 물론 다른 개념의 도움으로 가능하고, 그러므로 분석되지 않고, 정의되지 않는 채로 있는 개념을 신뢰해야 하는 결과가 된다.

희랍철학에서는 소크라테스 이래로 개념의 문제가 중요한 문제였다. 플라톤이 대화편에서 다소 작위적으로 묘사해 놓은 바를 그대로 받아들이자면, 소크라테스의 삶은 개념의 내용에 관해, 그리고 표현수단의 한계에 관한 끊임없는 토론으로 일관하고 있다. 과학적 사고의 견고한 기초를 놓기 위해, 아리스토텔레스는 『논리학』에서 언어의 형태를 분석하고, 언어의 내용과는 무관하게 추론의 형식적인 구조를 탐구하고자 했다. 그는 그때까지 희랍철학에 알려지지 않았던 추상과 엄밀을 구분함으로써, 생각하는 방법에 어떤 규준을 세우는데 크게 기여했다. 실로 그는 학술언어의 토대를 세웠다고 말할 수 있다.

언어의 논리적 분석은 한편 지나친 단순화의 위험을 수반한다. 논리학에서는 어떤 특정한 언어구조, 전제와 결론의 분명한 연결, 그리고 간단한 추론의 예에만 관심을 갖는다. 단어의 부수적인 의미들 간의 연상을 통해 주어질 수 있는 다른 모든 언어적 구조는 무시한다. 어떤 단어의 이차적 의미〔부수적 의미〕는 오직 우리를 의식의 회색지대로〔어스름 속으로〕 빠져들게 하지만, 그러나 그것은 한 문장의 내용 결정에 중요한 기여를 한다. 각각의 단어가 대부분 우리의 사고 속에서 완전하지 못한 의식행위를 유발할 수 있다는 사실은 현실의 어떤 측면을 논리적 추론과정보다 더 분명한 언어로 묘사하기 위해, 활용될 지도 모른다. 그래서 시인들은 종종 언어는 원래 생각했던 바를 표현하는데 별로 적합하지 않다고 보고, 그래서 언어와 사고에 대한 지나친 논리적 추론행위로 나아가는 것을 반대했다. 그 좋은 예로 괴테(Johann Wolfgang Goethe)의 『파우스트』에 나오는 유명한 구절을 읽어보자. 메피스토펠레스는 제자들을 향해 이렇게 말한다.

"시간을 선용하라. 세월은 빨리 흘러가느니,
규칙은 그대들에게 시간 버는 법을 가르쳐 준다.
내 친애하는 친구여, 그러므로 너희들에게 충고하노니,
먼저 논리학을 배우라(Collegium logicum).
거기서 네 정신은 충분히 훈련되어,
'족가(足枷) spanische Stiefeln' 에 붙잡아 매인 듯,
한층 더 신중하게 장차 사상의 길을 떠나게 된다.
도깨비불처럼 이리저리 천방지축으로

날뛰어서는 안 된다.
그러면 어느 날 그대들은
먹고 마시는 것처럼 멋대로 단숨에 해치우는 일에도
하나! 둘! 셋! 순서가 필요하다는 것을 배우게 되리라.
사유의 작용도 훌륭한 직물과 같아서,
한 번 밟으면 천 가닥의 실이 움직여,
북은 이리로 저리로 왔다 갔다 한다.
실은 보이지 않게 흐른다.
한 번 치면 천 개의 매듭이 생겨난다.
철학자는 들어와서 그것은 이래야 한다고 증명한다.
첫 번째는 이렇고, 두 번째는 이렇다.
그러므로 세 번째와 네 번째는 이러해야 한다.
만일 첫 번째와 두 번째가 그렇지 않으면,
세 번째와 네 번째도 영영 그럴 수 없다.
학생들은 이런 것을 어디서나 찬양하지만,
그 누구도 방직공이 되지는 않았다.
살아 있는 것을 인식하고, 기술하려는 자는
먼저 정신을 빼버리고자 한다.
그러면 부분적인 것을 손에 쥐고 있을 지라도,
유감스럽게 거기서 정신적인 맥은 결여되어 있다."

이 구절은 언어구조에 대한 경탄할 만한 묘사, 그리고 단순한 논리적 추론행위의 편협함에 대한 적절한 비판을 담고 있다.

반면에 자연과학은 이해의 유일한 수단으로써 언어에 근거해 있어야 하기에, 특별히 그 명료성이 문제가 되는 곳에서 논리적 추론행위는 일정한 역할을 해야 한다. 여기서 파생되는 난점은 다음과 같이 설명될 수 있다. 자연과학에서 우리는 보편으로부터 특수를 끌어내고자 한다. 개별적인 현상은 간단하고, 보편적인 법칙의 결과로 이해되어야 한다. 그렇지 않으면 법칙은 보편적이지도 간단하지도 않게 된다. 보편법칙은 그것이 언어로 구성되면, 몇 안 되는 개념만 포함할 수 있다. 이 개념들로부터 있을 수 있는 모든 가능한 현상의 다양성이 설명되어야 하고, 또 개별적인 질문에 대해 '정성적(定性的)' 이고 부정확하면서도 동시에 최고의 정확성으로 도출되어야 한다. 결코 이러한 추론이 허용될 수 없어 보이는 일상언어는 부정확하고, 불분명하게 정의되어 있음을 금방 알아볼 수 있다. 어떤 주어진 전제조건에서 하나의 연쇄추리가 도출되어야 한다면, 가능한 선택지의 숫자의 전제조건의 정확성에 달려 있다. 자연과학에서는 보편법칙의 기본개념은 최상의 엄밀성으로 규정되어야 한다. 이는 다만 수학적 추상으로서만 가능하다.

다른 학문분야, 예를 들어 법률학에서도 이와 비슷하게 정확한 개념규정이 필수적인 상황이 있을 수 있다. 법률학에서는 하나의 연쇄추리에서 선택지가 그렇게 많을 필요가 없다. 그러므로 최상의 엄밀성은 필수적이 아니고, 일상언어의 개념으로 어느 정도 정확하게 개념규정하기에 충분하다.

이론물리학에서 우리는 계측결과를 서로 연결지어주는 수학기호를 끌어들임으로써, 현상집단을 이해하고자 한다. 수학적 상징이나 기호는 계측과 이들 기호화의 관계를 밝혀주는 명칭이 필요하다. 이런 식으로 기호는 일상언어와 연결되어 있다. 그러나 기호는 엄격한 정의-공리체계로 그 자체가 서로 연결되어 있다. 그리하여 자연법칙은 드디어 기호들 간의 방정식으로 표시된다. 방정식 해답의 무수히 많은 가능성은 자연에서 일어날 수 있는 모든 개별적인 현상과 대응한다. 수학공식은 기호와 계측 간의 관계가 미치는 한, 관찰된 현상집단을 묘사한다고 말할 수 있다. 이 관계로 인하여 자연법칙 그 자체는 일상언어의 개념으로 표현될 수 있다. 왜냐하면 행위와 관찰이라고 하는 우리의 시도는 언제나 일상언어로 묘사될 수 있기 때문이다.

여하튼 과학적 지식이 늘어나면, 우리의 언어도 늘어난다. 새로운 개념이 소개되고, 낡은 개념은 우리가 일상언어를 활용함으로써 다른 분야에 적용된다. 에너지, 전기, 엔트로피 등의 개념은 그 좋은 예이다. 새로운 과학영역에 적합한 일상언어의 자연스러운 확대로 인해 학술언어는 발전한다.

지난 세기에 몇몇 물리학의 새로운 개념들이 소개되었다. 어떤 경우는 물리학자들이 이 새로운 개념에 익숙해지기 전부터 오랜 시간 활용하였다. 한 예로써 어느 정도는 이미 패러데이의 연구에 포함되어 있어서, 후에 맥스웰 이론의 기초가 되었던 〈전자기장 elektromagnetische Feld〉 같은 개념은 물질의 역학적 운동에 관심을 기울이기 전부터, 물리학자들에 의해 점차 활용되었다. 이 개념의 도입은 결코 쉽사리 완성될 수 없는 과학적 근본표상의 변화와 관련되어 있었다.

지난 세기 말까지 물리학에 소개된 모든 개념은 그럼에도 불구하고, 실험에 적용될 수 있었던 하나의 완결된 체계로 형성되었고, 옛날의 개념과 더불어 과학자들뿐만 아니라, 기술자들의 작업에도 성공적으로 활용되었던 하나의 언어를 형성했다. 이 언어의 근본표상은 말하자면, 시간 내에서의 일련의 과정은 공간 내에서의 그 배열과 전적으로 무관하며, 유클리트 기하학은 실제공간에서 타당하다는, 그리고 시간-공간에서의 과정은 그것이 관찰되느냐 아니냐 하는 문제와는 무관하다는 가정에서 출발하고 있다. 물론 모든 관찰은 관찰되는 현상에 모종의 영향을 준다는 사실은 논란의 여지가 없지만, 사람들은 아주 조심스러운 실험으로 이런 영향의 요인을 가능한 한 줄일 수 있다는 데 일반적으로 동의한다. 이는 실제로 자연과학의 기초로 간주되는 객관적 이상을 실현하는데 필연적인 조건이다.

이런 평화스러운 시기에 물리학의 「특수상대성이론」과 양자론은 자연과학의 토대에 처음에는 서서히, 나중에는 급격한 소용돌이를 몰고 왔다. 최초의 격렬한 논쟁은 상대성이론이 제시한 시간-공간 문제를 놓고 벌어졌다. 어떻게 새로운 상황을 말할 수 있을까? 운동하는 물체의 로렌츠수축을 실제수축으로 보아야 할 것인가, 아니면 하나의 가상의 수축으로 보아야 하는가? 시간-공간의 구조는 그 전에 생각했던 바와는 실제로 다른 것이라고 말해야 하는가, 아니면 시간-공간은 그 속에서 세계를 인지하는 하나의 보편적 세계관으로서, 항상 그대로 있지만, 다만 실험결과가 어떻게 새로운 상황에 대응하는가를 이론적으로 해석할 때, 수학적으로 연결될 뿐이라고 말해도 되는가? 이런 질문 뒤에 숨어 있는 진짜 문제는 이 새로운 상황을 모순 없이 표현할 말이 없었다는 사실이다. 일상언어는 당연히 옛날의 시간-공간 개념에 근거해 있었고, 이 언어는 스스로 배열이나 계측결과에 관한 명백한 이해의 도구로 만들어졌지만, 실험은 낡은 개념은 아무데나 공히 적용될 수 없다는 사실도 동시에 보여주었다.

상대성이론의 출발점이 극단적으로 매우 작은 속도인 경우 (광속에 비해 작은 속도) 새로운 이론은 옛날의 이론과 똑같은 정황에 놓여 있었다. 그래서 이 분에 대한 상대성이론의 해석은 당연히 수학기호로 해석하고, 또 수학기호를 실험 혹은 일상언어의 개념에 연관지우는 것과 마찬가지였다. 실제로 「로렌츠변형」은 다만 이런 관계를 매개로 하여 일찍이 발견되었다. 이 분야에 있어서는 단어와 기호의 의미는 명확했다. 이 관계〔수학기호와 일상언어의 관계〕는 상대성의 문제가 관련되는 실험의 전 영역에 이론을 적용하기에 충분했다. 그래서 로렌츠수축이 '실제적'이냐, '가상적'이냐 하는 논란이 많은 문제, 혹은 '동시적'이라는 단어의 의미 등등에 관한 문제는 실로 '사실'의 문제가 아니라, 언어의 문제이다.

사람들은 언어에 대해 일정한 원칙을 엄격히 고수해야 한다는 사실을 알았다. 어떤 개념을 언어로 사용해야 하며, 어떻게 사용해야 하는가 하는 확실한 기준을 발견하는 일은 참으로 어려운 일이다. 차라리 시간이 흐른 뒤, 저절로 새로운 상황에 들어맞는 언어의 발전을 기다리는 것이 더 좋을 지도 모르겠다. 특수상대성이론의 경우 언어와의 조화는 이미 지난 50년 사이에 많이 이루어졌다. 예로써 로렌츠수축이 〈실제적〉이냐, 〈가상적〉이냐 하는 구분의 어려움은 간단히 해소되었다. 이 책 앞 장에서는 '공간적 성질의 거리'라는 표현이 쓰여지는 반면에, 여기서 쓰고 있는 〈동시적〉이라는 말은 일반적으로 그 당시 아인슈타인이 내린 정의와 일치해서 쓰인다.

「일반상대성이론」에서 실제공간에서의 비유클리트 기하학에 대한 생각은 몇몇 철학자들에 의해 격렬한 논쟁이 벌어졌는데, 그것은 우리가 수행하는 실험이 이미 유클리트 기하학을 전제로 하고 있음을 말해 주기 때문이다.

예를 들어 한 수학자가 완전한 평면을 만들어 내려면, 이렇게 하면 된다. 우선 대강 비슷한 크기와 비슷한 면을 가진 세 평면을 만든다. 그런 다음 각각의 두 평면을 마주 댄다. 면의 전체가 완전히 서로 접할 수 있을 정도가 되면, 이 정도는 정확성의 척도로 간주될 수 있고, 면은 평평하다고 말할 수 있다. 기계학자는 두 접점의 만남이 면 전체에서 동시에 이루어질 때만, 세 면이 모두 평평하다는 데 만족할 것이다. 이것이 가능하면, 우리는 세 평면 위에서 유클리트 기하학은 타당하다고 수학적으로 증명할 수 있다. 이와 같이 하여 이미 우리 고유의 기준으로 유클리트 기하학의 타당성을 배려할 수 있다고 딩글러(H. Dingler)는 주장했다.

일반상대성이론의 관점에서 보면, 위에 개진된 주장은 당연히 규모가 작은 차원에서 〔말하자면 실험장치 내에서〕 유클리트 기하학의 타당성을 증명했을 뿐이라고 대답할 수 있다. 유클리트 기하학을 만족시키는 이 정확성은 매우 높아서 실제로 위에 설명한 평면을 만드는 과정이 언제든지 이루어질 수 있다. 평면은 완전히 딱딱한 물질이 아니라, 어느 정도 변형이 가능한 물질로 만들어져 있기 때문에, 그리고 '접합(마주대임)' 이라는 개념 역시 극도의 엄밀성으로 규정될 수 없기 때문에, 유클리트 기하학의 극히 작은 편차는 고려되지 않을 것이다. 우주처럼 큰 면에 대해서는 이 설명과정은 도저히 이루어질 수 없다. 그렇다고 해서 그것이 실험물리학의 한계를 말하는 것은 아니다.

일반상대성이론이 쓰고 있는 수학공식의 물리학적 해석을 위한 자연스러운 출발점은 다시 작은 차원에서의 기하학이 유클리트 기하학과 유사하다는 사실이다. 이 이론은 이 영역에서 고전이론에 접근한다. 그리하여 여기에는 수학기호, 혹은 계측과 일상언어 간의 분명한 연결이 있다. 그럼에도 불구하고 큰 차원에서는 비유클리트 기하학은 물리학적으로 타당할 것일 수 있다. 실제로 일반상대성이론이 전개되기 오래 전에 실제공간에서 비유클리트 기하학의 가능성이 수학자들, 특히 괴팅엔(Göttingen)의 가우스에 의해 논의되었다. 가우스가 북독일의 세 산(山)〔하르츠의 브로켄산, 튀링엔의 인젤베르크 Inselberg, 괴팅엔의 호헨하겐 Hohen Hagen〕을 연결하는 삼각형을 매우 정확하게 측지학적으로 측량하고, 큰 공간에서 삼각형의 내각의 합이 실제로 180°가 되는지 세밀하게 시험해 보았다. 그는 유클리트 기하학의 오차를 증명해 줄 지도 모르는 어떤 편차가 있을 것으로 생각했다. 그러나 그가 잰 정확성으로는 아무런 오차도 찾아내지 못했다.

일반상대성이론에서 보편법칙을 서술할 수 있는 언어는 대체로 수학자들의 학술용어가 적합했다. 유클리트 기하학은 작은 차원에서 충분한 정밀도를 갖기 때문에, 사람들은 실험 그 자체의 서술에 대해서 언제나 일상개념을 활용한다.

일상언어를 활용함에 있어서 어려움은 양자론에서도 마찬가지로 제기된다. 여기에는 우선 수학기호를 일상언어 개념과 연결할 수 있는 아무런 실마리도 찾을 수 없다. 우리가 알고 있는 유일한 것은 일상개념은 원자의 구조에 적용될 수 없다는 사실이다. 원자들의 팽창에 비해 큰 차원에서 양자론의 수학공식은 고전역학의 공식에 접근한다는 사실을 수학공식의 물리적 해석을 위한 자연스러운 출발점으로 볼 수 있을 지도 모른다. 이런 주장은 항상 몇몇 전제를 달고 나온다. 큰 차원에서는 고전역학에서 유사한 해답을 찾을 수 없는 많은 양자론 방정식의 해답이 있다. 이런 양자론의 해답에서 고전물리학에는 없는 앞서 말했던 〈확률간섭〉이 나타날 지도 모른다. 그러므로 매우 큰 차원의 극단적인 경우를 가정해 보면, 수학기호와 일상언어와의 관련은 결코 사소한 일은 아니다. 이런 명백한 관련에 이르기 위해 우리는 문제의 두 번째 특성을 고찰해야 한다. 양자역학이 다루는 차원은 사실 거대한 체계 〔여기에서 하이젠베르크는 시스템이라는 말을 '우주체계' 혹은 '우주공간'과 같은 큰 차원을 나타내는 말로 쓴다. '체계'라는 말이 막연하여 이 부분에서는 더러 '우주체계'라고 번역하기도 했다. 양자의 미립자 세계에 비하면, 이는 무한공간이다〕 혹은 어쩌면 세계 전체의 한 부분일 뿐임을 염두에 두어야 한다. 양자론의 세계는 이 거대한 체계와 상호작용하에 있다. 아울러 거대한 체계의 미립자적인 특성들은 사실 대부분이 알려지지 않고 있음을 첨언해 두지 않으면 안된다.

이 말은 현재 상황을 적나라하게 묘사하는데, 왜냐하면 이 거대한 우주의 체계는 우리의 계측이나 탐구의 대상이 아닐 지도 모르기 때문이다. 관찰자 역시 한 부분으로 속해 있는 거대한 우주체계와 상호작용으로 연결되어 있지 아니하다면, 어쩌면 이는 현상계에 속하지 않을는지도 모른다. 거대한 체계의 알려지지 않은 미립자(微粒子的)인 특성들과의 상호작용을 설명하는 데 있어서 〔양자론적 설명뿐만 아니라, 고전적 설명에 있어서도 마찬가지로〕 관찰된 체계에서 고려되어야 하는 하나의 새로운 통계적 요소를 끌어들인다. 무한공간의 경우 이 통계적 요소는 양자역학적 체계가 실제로 고전물리학에 접근하는 만큼 확률간섭의 영향을 무너뜨린다. 그러므로 여기서 우리는 양자론의 수학기호와 일상언어 개념 간의 분명한 관계를 정립할 수 있다. 그리고 이 관계는 실험의 해석도 충족시킨다. 이제 남은 문제는 언어의 문제가 아니라, 오히려 사실에 관련된 문제이다. 왜냐하면 그것이 일상언어에서 표현될 수 있다는 '사실'이라는 개념의 문제이기 때문이다.

그러나 언어의 문제는 여기에 매우 중요한 본질이 있다. 우리는 원자의 구조에 관해 어떤 식으로든 말해 보려고 한다. 그러나 그것은 사진검판 위의 흑점, 안개상자 속의 물방울과 같은 구체적인 사실을 이야기하는 것이 아니라, 일상언어로는 원자 그 자체에 대해서 말할 수 없다.

우리는 이 문제를 두 가지 완전히 상반된 방향으로 분석해 볼 수 있다. 양자역학이 완성된 30년대 이래로 원자에 관한 어떤 언어방정식이 물리학자들에게 통용되었는가를 물어보거나, 혹은 아주 정확한 양자론의 수학공식과 일치하는 학술언어의 개념규정을 시도해 볼 수 있다.

첫 번째 질문에 대한 대답으로 보어가 양자론 해석에 끌어들인 「상보성 개념」 때문에 물리학자들은 분명한 언어를 쓰기보다는 오히려 애매한 표현을 쓰는데 고무되었다고 주장할 수 있다. 다시 말해 「불확정성의 원리」에 어울리는 어떤 부정확한 방식으로 고전개념을 활용하고, 두 개의 서로 다른 고전개념을 동시에 적용하면, 모순이 생길 지도 모르는 고전개념을 쓰는데 고무되었다고 주장할 수 있다. 그래서 사람들은 전자궤도, 물질파, 부하밀도, 에너지, 운동량 같은 말을 쓰면서도, 항상 이 개념들이 매우 제한된 적용범위를 갖고 있음을 알고 있다. 이 애매하고 체계적이지 못한 언어의 활용이 곤란을 가져다 주면, 물리학자들은 이내 수학공식으로 돌아가, 이 수학공식과의 실험적 사실과의 분명한 연결을 활용한다.

일상언어의 사용이 가끔 아주 만족스러운 때가 있는데, 그 때는 일상생활이나 문학작품에서 유사한 용례를 떠올릴 수 있을 때이다. 상보성의 문제 상황은 결코 원자의 세계에 한정되어 있지 않다. 우리가 어떤 결단과 이 결단의 동기를 돌이켜보거나 혹은 음악을 즐

길 것이냐, 아니면 이를 분석할 것이냐를 선택할 때, 우연히 상보성을 만나게 되고, 이로써 원자의 세계에 국한되어 있지 않음을 확인하게 된다. 반대로, 고전개념을 이런 식으로 적용하며, 이는 항상 일정한 불확실성을 갖게 되고, 현실에서의 관계는 단지 고전적 열이론의 통계적 해석과 동일한 통계적 의미만 가진다.

고전적 열이론에서 '온도' 개념은 실재의 객관적 특징, 물질의 객관적 특징을 설명하는 것으로 이해된다. 일상생활에서는 온도계로 어떤 물체가 어느 정도의 온도를 갖고 있는가를 쉽게 정할 수 있다. 그러나 원자의 온도가 무엇을 의미하는 지를 고전물리학으로 규정하고자 하면, 매우 곤란한 상황에 처하게 된다. 사실상 우리는 〈원자의 온도〉라는 개념을 원자의 잘 규정된 어떤 특성과 연결지을 수 없다. 반대로 어느 정도까지는 이 개념을 원자에 관한 우리들의 불충분한 지식과 연결해야 한다. 우리는 온도값을 원자의 특징에 관한 일정한 통계적 기대치와 관련지을 수 있다. 그러나 이 기대치가 객관적이라고 부를 수 있느냐를 의심할 수 있다. 〈원자의 온도〉라는 개념은 이 장 앞부분에서 맛이 섞인 사탕을 사고자 한 어린아이의 일화에 나오는 〈섞는다〉라는 개념보다 썩 잘 규정되어 있다고 할 수 없다.

이와 유사하게 양자론에서도 모든 고전개념은 그것을 원자에 적용할 경우, '원자의 온도'와 다를 바 없이 정의되어 있다. 이는 통계적 기대치와 연결되어 있다. 아주 드물게 이 기대치는 확실성에 근접한다. 이는 고전열이론에서와 마찬가지로 기대치를 객관적이라 부르기에는 어려움이 있다. 사람들은 이를 아리스토텔레스 철학에서 말하는 〈잠재태, 혹은(잠세태)〉와 같은 의미로 경향성 혹은 가능성이라 부르고 싶어 한다. 내가 생각하기로 물리학자들에게 통용되는 언어는, 그것이 원자에 관해 이야기하는 것이라면, 그들의 머릿속에 사실 '잠재태' 개념과 유사한 표상으로 떠오른다. 그래서 물리학자들은 전자궤도 혹은 그와 유사한 개념을 '실재'로서 보다는 일종의 '잠재태'로 보는데 점차 익숙해졌다. 언어는 이미 실제상황과 어느 정도 조화를 이루었다. 이때 말하는 언어는 일반적인 논리적 추론과정에 활용될 수 있는 언어가 아니라, 우리의 사고 속에 그림으로 그려지는 언어이며, 이 그림이 현실과 불분명하게 연결되어 있으며, 다만 현실에 대한 경향을 서술할 뿐이라는 느낌도 아울러 갖고 있는 그런 언어이다.

물리학자들이 활용하는 이 언어의 본질적인 불명확성 때문에 이와 다른, 확실히 규정된 논리적 추론과정에, 또 양자론의 수학공식에 정확히 일치하는 정밀한 언어를 만들고자 하는 시도가 있었다. 일찍이 비르크호프(Birkhoff), 폰 노이만(John von Neumann) 그리고 나중에는 폰 바이츠제커에 의해 수행된 연구로부터 양자론의 수학공식은 고전논리학의 수정, 혹은 확대를 의미한다는 사실이 주어졌다. 특히 수정되어야 할 것은 고전논리학의 기본공리이다. 고전논리학에서는 어떤 진술이 진실로 의미를 갖는 것인 한, 진술의 긍정이나 부정 둘 중의 하나가 타당해야 한다. 즉 '여기에 책상이 하나 있다'와 '여기에 책상이 없다'라는 두 명제는 그 중 어느 하나만이 타당해야 한다. 세 번째 가능성은 존재하지 않는다 Tertium non datur. 긍정명제가 옳은 지, 부정명제가 옳은 지 우리는 알 수 없지만, '실제'로는 두 경우가 다 옳은 경우가 나올 수 있다.

양자론에서는 '세 번째 가능성은 없다'라는 법칙은 명백히 수정되어야 한다. 물론 이런 수정에 반대해서 이는 일상언어에서 여전히 타당하고, 우리는 있을 지도 모르는 논리학의 변경에 관해서도 역시 이미 일상언어로 말하지 않으면 안 된다고 이의를 제기할 수도 있다. 그래서 일상언어에 적용될 수 없는 논리적 체계를 일상언어로 기술하고자 할 때, 하나의 모순이 생긴다. 이 문제와 관련하여 폰 바이츠제커는 언어의 상이한 단계를 구분할 수 있다고 주장한다.

첫 번째 단계는 원자나 전자와 같은 대상 그 자체를 다룬다. 두 번째는 대상의 진술과 관련된다. 세 번째 단계는 대상의 진술에 관한 진술을 다룬다. 각 단계마다 상이한 논리적 추론과정을 활용할 수 있지만, 그럼에도 불구하고 결국에는 일상언어로, 고전논리학으로 돌아가야 한다. 폰 바이츠제커는 고전물리학이 양자론을 하나의 '아프리오리 apriori' 로 설명하는 것과 마찬가지로, 고전논리학도 '양자논리' 에 대해 선험적인 것으로 고찰하자고 제안한다. 고전논리학은 양자논리에 있어서 하나의 〈극한의 경우〉로 있으나, 양자논리는 보편적 논리체계를 서술한다.

고전논리학의 가능한 수정에서 맨 먼저 대상 그 자체에 관련되는 단계를 다루어야 한다. 중간을 벽으로 막아, 두 부분으로 나누어진 폐쇄된 상자 속에 있는 원자를 가정해 보자. 벽에 작은 구멍을 내어 원자가 이따금 이리저리 넘나들 수 있도록 해두자. 고전논리학에 의하면, 이런 사태에서 원자는 오른쪽 혹은 왼쪽 어느 한 곳에만 있어야 한다. 세 번째 가능성은 없다. 여기서 우리가 '상자' 혹은 '원자' 라는 단어를 활용하는 경우, 양자론에서는 놀랍게도 고전논리학에서 말하는 두 가지 가능성을 결합한 또 다른 가능성이 있다고 말하지 않으면 안 된다. 예를 들어 원자로부터 산란되는 빛을 관찰해 보면, 또 다른 가능성은 필연적임을 알 수 있다. 세 가지 방식으로 이 실험을 해보자. 첫 번째로 벽의 구멍을 막아 원자를 왼쪽 상자에 가두어 두고, 원자로부터 산란되는 광(光)의 강도분포(强度分布)를 잰다. 두 번째는 반대로 오른쪽 상자에 원자를 가두어 두고, 산란광(散亂光)의 강도분포를 재고, 마지막으로 중간의 구멍을 열어 원자가 자유로이 이쪽저쪽으로 다니도록 해놓고 그것을 잰다. 원자가 왼쪽이나 오른쪽 어느 한곳에만 있었다면, 세 번째 시도에서의 강도분포는 앞의 두 경우의 강도분포의 결합(혼합)〔원자가 상자의 양쪽에 각각 얼마나 머물렀느냐에 따라〕이어야 할 것이다. 그러나 실험결과는 이를 정당화하지 않는다. 실제 강도분포는 앞서 이야기한 '확률간섭' 때문에 변한다.

이런 사태를 설명하기 위해 폰 바이츠제커는 〈진리치〉라는 개념을 도입한다. '원자는 상자의 왼쪽(혹은 오른쪽)에 있다'와 같은 두 개의 선택지를 포함해서 각각의 단순한 진술에 대해 하나의 복소수가 그가 말하는 '진리치'의 척도로써 도입된다. 수 1이 있으면 그것은 진술이 참임을 의미하고, 수 0이 있으면, 그것은 진술이 거짓임을 의미한다. 그러나 다른 값도 가능하다. 복소수의 절대제곱은 이 진술이 참이라는 확률을 준다. 두 경우의 확률의 합은 1이어야 한다. 그러나 모든 복소수의 쌍은 폰 바이츠제커의 정의에 따라 확실히 참인 하나의 진술을 내놓는다. '진술'이라는 단어를 이런 식으로 쓰면, 〈상보성〉이라는 개념은 다음과 같이 정의할 수 있다. 두 선택적 진술과 같지 않은 〔위의 실험의 경우 '원자는 왼쪽 상자에 있다'라든가 '원자는 오른쪽 상자에 있다'라는 진술〕 모든 진술은 상보적이라 부를 수 있다. 원자가 오른쪽에 있느냐, 왼쪽에 있느냐 하는 질문은 모든 상보적 진술에서는 〈미결정 상태〉로 있다. 그렇다고 해서 〈미결 unentschieden〉이라는 표현이 〈알려지지 않은 unbekannt〉이라는 말과 동일하지는 않다. 〈알려지지 않은〉이라는 말은 원자가 실제로 오른쪽에 있는지, 왼쪽에 있는지 알지 못한다는 의미이다. 〈미결정〉은 그것과는 좀 다른 오직 상보적인 진술을 통해서만 설명될 수 있는 상황을 암시한다.

여기서 일일이 설명될 수 없는 이런 보편적 논리체계는 양자론의 공식과 정확히 일치한다. 이는 원자의 구조를 기술하는데 활용할 수 있는 정확한 언어를 만든다. 양자론이 아무리 정확한 언어를 만들어 놓는다 하더라도, 그것을 활용하는 데서 항상 문제점을 야기한다. 그중 언어의 상이한 단계들 간의 관계 그리고 그 기초가 되는 존재론적 귀결에 대해서만 언급하고자 한다.

고전논리학에서 상이한 언어단계들 간의 관계는 하나의 명백한 일치관계이다. '원자는 왼쪽 상자에 있다(1)' 혹은 '원자가 왼쪽 상자에 있다는 것은 참이다(2)' 라는 두 명제는 논리적으로 상이한 단계에 속한다. 그러나 고전논리학에서 명제 (1)과 (2)는 완전히 동일하다. 즉 두 명제가 다 참이거나 둘 다 거짓이지, 이 두 명제 가운데 어느 것은 참이고, 어느 것은 거짓일 수 없다. 상보성의 논리체계에서 이 관계는 뒤얽혀 있다. 상보성의 논리체계에서는 명제 (1)이 참이거나 거짓이면, 실제로 명제 (2)도 참이거나 거짓이 된다(즉 (1)의 진위는 (2)의 진위를 포함한다). 그러나 명제 (2)가 거짓이라고 해서 명제 (1)도 거짓이라는 점을 포함하지 않는다. 명제 (2)가 틀렸다면, 원자가 왼쪽 상자에 있는지 아닌지 미결정이어야 한다. 원자는 무조건 오른쪽 상자에 있을 필요가 없다. 이는 한 진술이 참이라는 데 대해서는 두 언어단계의 완전한 동일성을 주지만, 한 진술이 거짓이라는 점에 대해서는 그렇지 못하다는 사실을 말해 준다. 이로부터 우리는 이른바 "양자론의 고전법칙의 고수"라고 불려졌던, 즉 실험에서 고전 역학법칙의 적용으로 일정한 결론이 얻어지는 곳이면 어디서든 양자론으로부터도 동일한 결과가 귀결되고, 실험적으로도 유사한 형태를 취하는 방식을 이해할 수 있다.

폰 바이츠제커가 시도한 또 다른 목적은 수정된 논리적 추론방식 역시 보다 높은 언어단계에 적용될 수 있다는 것인데, 여기서는 이 문제를 더 이상 끌고 나가지 않겠다.

이 자리에서 간단히 언급되어야 할 두 번째 문제는 존재론에 관한 문제로서, 이는 수정된 논리체계의 기초이다. 복소수의 한 쌍이 위에서 말한 의미로 어떤 진술이 설명되면, 이 진술이 참인 어떤 상황 혹은 상태가 자연 속에 있어야 한다. 우리는 이런 맥락에서 '상태' 라는 말을 쓰고자 한다. 즉 상보적 진술과 일치하는 '상태' 란 곧 폰 바이츠제커가 말한 〈공존상태〉를 의미한다. '공존하는' 이라는 표현은 상황을 올바르게 기술하는데, 이를 〈상이한 상태〉라고 부르기 어렵다. 왜냐하면 모든 상태는 어느 정도까지는 또 다른 '공존상태' 를 포함하고 있기 때문이다. 이 '상태' 개념은 양자론의 존재론에 대해 하나의 최초의 개념규정을 만들 지도 모른다. 〈상태〉, 특히 '공존상태' 라는 말을 쓰면, 그것이 이전의 유물론적 존재론과 매우 다름을 금방 알 수 있다. 또 하나의 합리적인 용어를 쓰는지 아닌지 의심할 수 있다. 이와는 달리 '상태' 라는 말을 '실재' 로서 보다는 하나의 가능성을 표현하는 것으로 파악하면, 〔나아가서 '상태' 를 간단히 '가능성' 이라는 단어로 대치할 수 있다면〕 이제 〈공존 가능성〉이라는 개념은 이를테면, 하나의 가능성은 다른 것을 포괄할 수 있으며, 다른 가능성과 접합될 수 있기 때문에, 완전히 설득력을 가진다.

우리가 언어를 사실묘사와 실험결과의 사실묘사에만 국한하면, 이 모든 까다로운 개념규정과 구분들을 벗어날 수도 있다. 그러나 원자입자를 말하자면, 수학공식을 일상언어를 보충하는 것으로만 쓰든가, 아니면 변경된 논리학 혹은 확실히 규정되지 않은 논리학을 이용하는 어떤 언어와 결합해서 써야 한다.

원자과정에 대한 실험에서 우리는 원자라는 '사물'과 그것이 우리에게 무엇을 보여주는가 하는 '사실'을 일상의 현상처럼 구체적인 것에 관련지어야 한다. 그러나 원자나 기본입자는 그렇게 구체적이지 못하다. 이들은 경향이나 가능성으로서의 한 세계를 형성할 뿐, 구체적인 〈사물〉이나 〈사실〉로써 보여주지 못한다.

11. 인지의 발달과 현대물리학의 역할

현대과학의 최첨단 분야인 양자물리학이 옛날의 사고방식과 여러 모로 접해 있고, 새로운 방식으로 몇몇 고전적인 문제들에 접근하고 있음을 보여주기 위한 현대물리학의 철학적 귀결에 관해서는 이 책의 여러 곳에서 이미 언급한 바 있다. 이러한 가공할 만한 발전은 인간의 사유의 역사를 통해서 보면, 두 가지 상이한 사고방식이 서로 만나는 곳에서 주어졌다고 말할 수 있다. 이 상이한 사고방식은 인간문화의 서로 다른 영역, 서로 다른 시대의 상이한 문화적 환경 그리고 종교적 전통 속에 그 뿌리를 두고 있다. 이들 서로 다른 요소들이 만나면, 즉 최소한 서로 일정한 관계를 맺으면, 그 위에서 사람들은 새롭고, 흥미로운 발전의 추구를 기대할 수 있기 때문에 진정한 상호작용이 시작된다.

현대과학의 한 부분으로서 원자물리학은 우리 시대의 다양한 문화영역에 침투해 왔다. 원자물리학은 과거로부터 자연과학적-기술적 노력을 전승한 유럽이나 서방국가들 뿐만 아니라, 완전히 다른 문화적 배경을 가진 먼 극동의 나라들, 일본이나 중국 그리고 가까이는 인도와 러시아에서도 탐구되었다. 러시아에서는 40년 전부터 하나의 새로운 사고방식이 탐구되었는 바, 그것은 특히 19세기 유럽의 과학적 발전은 물론이고, 이와는 전혀 다른 러시아적 전통과 연결되어 있었다. 물론 현대물리학 사상과 전통사상과의 만남이 궁극적으로 어떤 결과를 가져올까를 예언하는 것이 이 장(章)의 목적은 아니지만, 우리는 서로 다른 사상들 간의 상호작용이 어디서부터 시작되는 지를 밝힐 수 있을 지도 모른다.

우리가 현대물리학의 확산과정을 주시해 보면, 확실히 자연과학이나 기술, 의학 등, 한 마디로 현대문명의 세계적 확산과정과 구분할 수 없다. 현대물리학은 베이컨(Francis Bacon), 갈릴레이, 케플러의 연구 그리고 이의 17-8세기의 자연과학에의 적용과 더불어 시작된 기나긴 역정의 한 고리에 불과하다. 과학과 기술의 관계는 처음부터 상호의존적이었던 바, 기술의 발전, 도구의 개량, 새로운 계측, 관측 장비의 발견으로 인간은 자연에 관한 보다 넓고, 정확하고, 경험적인 지식의 토대를 마련했다. 자연에 관한 인지가 발달하고, 자연법칙을 수학공식으로 기술할 수 있게 되자, 지식을 기술에 적용하는 새로운 길이 열렸다. 예를 들어 망원경의 발견으로 천문학자들은 그전보다 더욱 정확히 별들의 움직임을 관찰할 수 있게 되었으며, 이로써 천문학, 천체역학 분야에 주목할 만한 발전을 가져왔다.

역학법칙에 대한 보다 정확한 이해는 반대급부로 도구의 개선은 물론이고, 에너지를 전달하는 기계장치를 만들어내는데 큰 몫을 했다. 자연의 힘을 인간을 위해 활용하는 방법을 터득했을 때, 자연과학과 기술의 결합은 개가를 올렸다. 예를 들어 인간이 직접 해야 할 일을 석탄에너지가 대신하게 되었다. 이런 가능성으로부터 발전한 산업은 무엇보다도 옛날의 수공업의 자연스러운 연속 혹은 그 확대로 이해해야 한다. 기계는 여러 면에서 과거 손으로 하던 방식을 모방했으며, 화학공정에서의 작업은 옛날의 염색술이나 약방에서 하던 일의 연장선상에서 이해할 수 있다. 그러나 나중에는 과거 수공업에서는 찾아볼 수 없는 전혀 새로운 산업분야가 발전했는데, 예를 들면, 전자공학 같은 것이다. 자연과 멀리 떨어진 영역에의 자연과학의 침투는 기술자들에게 과거에는 전혀 알려지지 않았던 자연력의 활용가능성을 주었다. 그리고 이 자연력에 대한 정확한 지식은 이를 지배하는 자연법칙을 수학적으로 확증함으로써, 다양한 기계를 만드는데 하나의 기초가 되었다.

자연과학과 기술의 결합이 가져다준 거대한 성취는 민족, 국가, 정치집단에 강력한 지배권을 주었고, 이 국가나 정치집단에 의해 기술문명은 촉진되었다. 자연스러운 귀결로서, 이는 자연과학이나 기술적 전통을 갖지 않은 다른 민족들도 여기에 관심을 갖게 되었다. 결국 현대의 발달한 통신수단은 기술문명의 확산을 완성했다. 의심할 바 없이 이 과정은 인간들이 동의했건 아니건 간에, 또 그것이 '진보'든 '위기'든 간에 지구상의 인간의 생존조건을 근본적으로 변화시켰다. 그러나 오래 전부터 인간의 힘으로는 더 이상 제어할 수 없을 만큼 커져버렸다는 사실이다. 우리는 이 과정을 크게 보아 오히려 하나의 생물학적 과정으로 볼 수 있다. 생물학적 과정에서 인간과 관련되어 있는 구조는 더욱 큰 규모로 인간의 환경에 부단히 전이된다. 그리고 이 환경은 인구증가에 유용한 어떤 상태로 몰고 간다.

현대물리학은 이러한 진보 중 최근의 것이고, 불행하게도 원자폭탄이라고 하는 가시적인 귀결은 이런 진보의 본질을 가장 극명하게 보여주었다. 한편으로는 그것은 자연과학과 기술의 결합으로 이 땅

위에 생긴 변화를 그저 낙관적인 관점에서만 볼 수 없으며, 부분적으로는 자연적인 생활환경의 급격한 변화가 얼마나 위험한가에 대해 경고했던 저 관점이 정당화되기도 했다는 사실을 적나라하게 증명했다. 다른 한편으로는 이러한 발전은 가능한 한 이 위험에서 멀리 벗어나고자 했던 민족이나 개인에게 부단히 새로운 발전에 관심을 기울이도록 강요했다. 왜냐하면 군사력의 관점에서 보면, 미래의 정치권력은 다분히 원자폭탄의 보유여하에 달려 있을 것이기 때문이다. 핵물리학의 정치적 귀결 혹은 그것의 정치에의 적용을 자세히 논의하는 일이 이 책의 과제는 아니나, 원자물리학 얘기를 꺼내기만 하면, 사람들은 제일 먼저 이 문제부터 떠올리게 되므로, 간략히 짚고 넘어가는 것이 좋겠다.

새로운 무기의 발견, 특히 열핵반응 무기〔수소폭탄〕의 발전은 세계의 정치구조를 뒤바꿔놓았다. '독립' 민족 혹은 국가라는 개념은 이미 결정적인 변화를 경험했다. 이런 무기를 보유하지 않은 각 민족은 어떤 식으로든 이를 보유한 몇몇 나라에 종속되어야 하기 때문이다. 그러나 이 무기로 대규모 전쟁을 음모하는 것은 터무니없는 자살행위에 불과한 것이 되었다. 그래서 사람들은 전쟁은 낡은 이야기이며, 더 이상 일어날 수 없다는 낙관적인 견해를 거두어들인다. 이런 견해는 유감스럽게도 지나치게 낙관적인 단순화에 근거하는데, 반대로 수소폭탄으로 일어나는 전쟁의 부조리는 심지어 전쟁을 부추기는 작용을 할 수 있다. 어떤 민족이나 정치집단이 현 상황의 변화를 강행하기 위해, 그들의 역사적 도덕적 정당성을 확신했다면, 역사적 도덕적으로 정의롭지 못한 상대편이 대규모 핵전쟁을 책임지려고 하지 않을 것이기에, 재래식 무기로 싸우는 일이 자신들의 목적수행에 크게 위험하지 않을 것이라는 사실을 받아들일 것이다. 그들은 상대방이 분명히 원자무기에 의지하지 않을 거라는 사실을 믿을 것이다. 이런 상황은 거꾸로 제 3의 국가를 부추겨, 제 3의 국가가 침략에 연루되는 국지전의 경우, 제 3의 국가는 분명히 원자무기에 호소할 것이므로 위험은 상존한다는 사실을 구체적으로 확증토록 해야 한다.

세계는 약 20-30년 내에 변화되어, 대규모 전쟁의 위험은 적을 몰살하기 위한 온갖 기술수단의 이용 아래 아주 작아지거나, 어쩌면 완전히 소멸해 버릴 지도 모른다. 그러나 이 새로운 상황으로의 길은 극도로 위험할 것이다. 옛날처럼 역사적 도덕적으로 정의롭게 보이는 한 측면이 있는가 하면, 반면에 부정의한 면도 있다는 점을 분명히 해야 한다. 현상유지가 언제나 최상의 해결책이 아니라, 새로운 상황에 조화해 갈 수 있는 평화적인 방법을 찾는 일도 대단히 중요하다. 대부분의 경우 완전히 정의로운 해결책을 발견하는 일은 매우 어렵다. 그러므로 모든 정파(政派)가 어떤 문제에 대해 〔정의와 부정의의 문제는 보는 입장에 따라 전혀 다르게 보일 수도 있다는 사실을 고려해서〕 자기들의 외관상의 명분을 포기할 준비가 되어 있다면, 대규모 전쟁은 피할 수 있지 않겠느냐고 낙관적으로 말하기 어렵다. 이는 분명 새로운 사상이 아니고, 수백 년 동안 종교가 우리에게 가르쳐왔던 바, 인간들의 행동에 적용이 필요할 뿐이다.

핵무기의 발견은 자연과학자들에게도 새로운 문제점을 던져 주었다. 학문의 정치적 영향력은 2차대전 전보다 더욱 제고되었으며, 이런 상황은 원자물리학자들에게 이중의 책임을 부과했다. 물리학자는 자기 나라의 행정에 능동적으로 참여함으로써, 〔사회에 있어서 학문의 의미는 사실 그런 가능성을 시사하고 있다〕 연구소나 대학에서의 책임 정도를 넘어, 사정여하에 따라서는 어떤 중대한 결정에 책임을 져야 한다. 혹은 이런 정치적 결정으로부터 물러나 있을 수 있다. 그럼에도 불구하고 학자적인 초연한 태도를 취하지 않았었더라면, 이에 저항하고, 방해할 수도 있었을 잘못된 결정에 공동책임을 면치 못한다. 물리학자에게는 정부에 대해 전정에 핵열융합무기를 사용했을 경우, 그 가공할 파괴가 어떠한 지를 알릴 책임이 분명히 있다.

나아가서 학자들에게 세계평화를 위한 다분히 선언적인 의미의 결의에 참여하라는 요청이 종종 있다. 이런 선언과 관련하여, 고백하건데, 나는 결코 이런 선언의 의미를 받아들일 수 없었다. 이런 결의는 언뜻 선의의 발로라고 보일 지도 모르지만 그러나 평화의 조건을 명시하지 않고, 평화를 외치는 모든 사람은 오로지 그 자신 혹은 자신이 소속한 정파의 이익에 기여하는 그런 평화를 말한다는 혐의를 받아 마땅하다. 이는 실로 무의미하다. 진정한 의미의 평화 선언은 평화를 지키기 위해 희생할 각오가 되어 있는 희생물을 구체적으로 열거하고 있어야 한다. 그러나 학자는 일반적으로 이런 선언을 할 자격이 없다.

과학자에게 주어지는 두 번째 과제는 쉽게 해결될 수 있다. 국제적인 공동작업에 참여하여, 자기 영역에서 최선의 노력을 기울이는 일이다. 오늘날 많은 나라들이 핵물리학 연구에 큰 비중을 두고 있고, 아울러 나라마다 연구수준이 매우 상이하기 때문에 이런 국제적 공동연구는 그 명분을 얻을 수 있다. 여러 나라의 젊은 학자들이 현대물리학을 공동 연구하는 연구소에 모여, 어려운 문제에 대해 상호 의견교환을 할 수도 있다. 좋은 예로 1952년에 설립된 제네바의 〈유럽핵연구소 CERN, Conseil Europeen pour la Recherche Nucleaire〉는 사소하지만 실험실의 신축에서부터 비싼 연구 시설을 설치하는데 이르기까지 유럽의 여러 나라들 간에 의견의 일치가 있었다는 점에서 매우 성공적이었다. 이와 같은 공동 연구는 학술적인 문제에 대한 공통된 입장을 제시하고, 또 젊은 세대의 물리학자, 기술자들의 공통된 입장은 어쩌면 순수 학문적인 문제 이상으로 효과를 가져올 것이다. 물론 여기서 일하던 과학자가 다시 옛날의 일자리로 돌아가고, 자기 나라의 문화적 유산에 묻히면, 언제 느닷없이 불화가 생길 지 모르는 일이기는 하다. 그러나 여러 나라의 젊은 학자들 간의, 세대들 간의 사상의 교환은 전통이라는 낡은 힘과 현대적인 삶의 필연성 사이의 균형에 도달함으로써, 큰 긴장 없이도 어떤 새로운 상태에 접근하는데 기여할 것이라는 점은 의심의 여지가 없다.

현대과학의 특징은 무엇보다도 우선 상이한 문화적 전통 간의 견고한 결합을 창출한다는 사실, 즉 어떤 특정한 학문적 연구에 대한 평가, 그리고 무엇이 옳고 그른가에 관한 최종적인 결단이 절대로 권위에 의해 이루어지지는 않는다는 사실이다. 우리가 어떤 문제의 해결책을 알기 전에, 또 진리와 오류를 분명하게 구분할 수 있기 전에는 매우 오랜 세월이 필요하다. 어쨌거나 결국에는 이 물음은 결단 내려질 것이고, 이 결단은 어떤 과학자 집단에 의해서가 아니라, 자연 그 자체가 내릴 것이다.

그래서 과학적 관념은 과학에 관심을 갖는 사람들 중에서 아주 다른 방식으로 정치적인 관념으로 확산되어 나간다. 정치적 관념은 인간들의 지배적 관심사에 봉사하거나, 적어도 그렇게 보이기 때문에, 사정에 따라 민중들에게 설득력을 얻을 수 있는 반면, 과학적 관념은 그것이 진리이기 때문에 확산된다. 자연과학적 논의의 타당성을 결정하는 객관적이고 분명한 기준이 있다.

지금까지 이야기한 국제적인 공동 연구나 사상의 교류는 핵물리학 분야에 국한되는 게 아니라, 물론 현대과학의 모든 영역에서 가능하다. 이런 관점에서 현대물리학은 다양한 학문 영역의 작은 한 부분에 불과하고, 기술에의 응용, 즉 핵에너지를 이용한 무기제조나 평화적인 이용에 특별한 의미를 두면, 당연히 핵물리학의 국제적인 공동 연구는 다른 학문 영역에 비해 훨씬 중요하다고 볼 아무런 이유가 없다. 그러나 이 자리에서 우리는 다시 한번 과거 자연과학의 발달과는 근본적으로 다른 현대물리학의 특징에 관해 언급하지 않으면 안 된다. 이런 이유에서 자연과학과 기술의 결합으로 이루어진 유럽 현대물리학의 발전사를 더듬어 볼 필요가 있다.

16세기 이후 자연과학의 생성을 여러모로 보아 그 이전의 유럽정신사의 발전의 자연스러운 귀결로 볼 수 있는가에 관해 사가(史家)들 간에 많은 논쟁이 있어 왔다. 기독교 철학의 어떤 경향은 매우 추상적인 신개념을 가져왔는데, 이러한 경향은 신을 우리의 자연계 밖 멀리 하늘에다 갖다 앉힘으로써, 사람들은 세계를 관찰하되, 이 세계 내에 신이 함께 있다고 보지 않았다는 사실을 지적할 수 있다. 데카르트의 이분법은 바로 이러한 발전의 마지막 단계라 볼 수 있다. 혹은 16세기의 많은 신학 논쟁이 이러한 문제에 대한 전반적인 불만의 표출이라 볼 수도 있다. 르네상스와 더불어 유럽사회에 등장한 새로운 정신의 엄청난 활동에 눈을 돌려볼 수도 있다. 어느 경우든 이 시기에 있어서 기독교나 철학, 혹은 교회와는 완전히 독립적이었던 새로운 권위가 등장했는데, 그것은 경험의 권위요, 경험적 사실의 권위로 나타났다. 우리는 이 권위의 시초를 예를 들어 오캄(William Occam)이나 둔스 스코트(Duns Scotus) 같은 옛날의 철학사상으로 거꾸로 추적해 볼 수 있다. 하지만 권위는 16세기부터 인간 사고의 발전에 결정적인 힘을 발휘하기 시작했다.

갈릴레이는 시계추의 역학적 운동이나 돌멩이의 낙하를 그저 생각하는데 그치지 않고, 어떻게 이 운동이 시작되었는가를 실험으로 탐구했다. 그도 처음에는 이런 새로운 행동이 전통적인 기독교와 어긋나리라고 생각하지 않았다. 반대로 사람들은 두 가지 양식의 신의 계시를 이야기한다. 하나는 성서에 적혀 있고, 또 하나는 자연이라는 책 속에 있다고. 성서는 인간에 의해 기록되었기에 인간의 오류를 보여주는 반면에, 자연은 〈신의 의지의 직접적인 표현〉이다.

그러나 경험에 근거해 있는 위대한 가치는 아주 서서히 우리들의 현실 표상을 변경시켰다. 오늘날 우리가 어떤 사물에 상징적인 의미를 부여하는 것은 중세에는 어쩌면 그것의 원초적인 모습이었던 반면에, 이 표상은 우리가 현대적인 의미로 인지할 수 있는 무엇으로 변경되었다. 보고 만질 수 있는 것은 현실적인 것이 되었다. 이 새로운 현실개념은 새로운 행동과 연결될 수 있었다. 사물이 실제로 어떻게 생겼는가를 실험할 수 있고, 찾아낼 수 있다. 이런 새로운 태도는 무한한 가능성으로의 인간 사고의 출발을 의미했다. 교회는 이 새로운 움직임에서 희망보다는 위기를 느꼈다. 코페르니쿠스의 우주관을 지지했다는 이유로 벌어진 저 유명한 갈릴레이 재판은 그 후 백 년 이상이나 계속된 투쟁의 시작이었다. 이 싸움에서 자연과학의 지지자들은 경험은 무엇보다도 분명한 진리를 갖고 있으며, 인간적 권위로서 자연에서 정말로 무엇이 일어나는가를 판단하는 게 아니라, 이 판단은 자연을 통해, 이런 의미에서 신 스스로가 내린다는 사실을 분명히 했다. 반면에 전통종교의 옹호자들은 우리가 물질세계, 감각, 지각에 주목하면, 인간의 삶의 본질적인 가치를 상실한다고, 말하자면 실재의 모든 부분은 이미 물질계의 저편에 있다고 주장했다. 이 두 주장은 서로 화해하지 못했고, 어떤 의견의 일치나 결단으로 해소되지 못했다.

그러는 사이 자연과학은 물질세계에 대한 보다 분명한 형상을 그려냈다. 물리학에서는 이러한 새로운 형상을 우리가 오늘날 고전물리학 개념이라고 부르는 개념으로 서술했다. 세계는 시간과 공간 속에서 사물로 꽉 차 있다. 사물은 물질로 이루어져 있고, 물질은 다시 힘을 유발할 수 있고, 힘에 영향을 받는다. 이런 일련의 과정은 물질과 힘의 상호작용으로 일어난다. 모든 개별적인 과정은 다른 과정들의 원인이자 결과이다.

동시에 인간들의 자연에 대한 태도도 사변적인 것에서 실용적인 것으로 변했다. 사람들은 있는 그대로의 자연에 관심을 갖는데 그치지 않고, '인간은 자연으로 무엇을 할 수 있는가' 라는 질문을 던지기 시작했다. 그리하여 자연과학은 기술로 변화했다. 모든 지식의 진보는 이 지식으로부터 무슨 실제적인 용도를 끌어낼 수 있는가 하는 물음과 연관되어 있었다. 이는 굳이 물리학 뿐만 아니라, 화학이나 생물학에서도 비슷한 경향이었다. 의학이나 농업에 있어서의 새로운 방식의 성과는 자연에 대한 새로운 태도를 퍼뜨리는데 결정적인 기여를 했다.

이런 식으로 19세기에 와서 과학적인 시각 뿐만 아니라, 사람들의 세계관을 규정하는 자연과학의 분명한 틀이 구성되었다. 이 토대는 공간, 시간, 물질, 인과율 등 고전물리학의 기본개념들에 의해 주어졌다. 실재라는 개념을 오늘날의 의미로 인지하는 사물 혹은 과정을 암시했던 바, 이는 기술이 활용할 수 있는 세련된 도구의 도움으로 관찰될 수 있음을 나타낸다. 물질은 원초적인 실재이다. 과학의 진보는 물질세계의 정복으로 여겨졌고, 효용이라는 말은 당시의 경구처럼 되었다.

반면에 이런 자연과학의 기초(틀)는 매우 편협하고 완고해서, 예를 들어 정신, 영혼 혹은 삶 같은 일상언어의 많은 개념들과 대응하는 적절한 자리를 발견하기가 어렵다. 정신은 물질세계를 비추는 일종의 거울 같은 것으로 소개되었다. 이 거울의 특성은 심리학에서 연구하면, 과학자는 항상 거울의 광학적 특성보다는 그 역학적 특성에 관심을 가지려는 유혹에 빠진다. 사람들은 또 이런 개념들을 고전물리학의 개념, 특히 인과율 개념에 적용하고자 시도했다. 자연법칙에 따라 진행하고, 철저히 인과율의 지배를 받는 물리적-화학적 과정으로 삶이 설명될 지도 모른다. 다윈의 진화론은 이런 해석의 적절한 자양분을 주었다. 이러한 토대에서 과거 전통종교의 대상이었고, 지금은 분명 환상으로 보이는 실재의 부분들이 차지할 수 있는 자리를 발견하기란 특히 어려웠다. 그래서 유럽의 각 나라는 관념을 그 지고한 귀결에까지 추구하고자 종교에 대한 공공연한 적대감이 발전했고, 다른 나라에서도 이런 문제에 무관심해지는 경향이 생겨났다. 기독교의 윤리적 가치만이 처음 얼마간은 이런 움직임에 예외로 남아 있었다. 〈과학적 방법〉과 〈합리적 사고〉에 대한 신뢰는 인간 정신의 확실성 전부를 대신했다.

금세기의 물리학이 진행과정에 어떤 기여를 했는가 하는 문제로 돌아오면, 그 결과로 야기되었던 가장 중요한 변화는 19세기의 편협한 개념 범주를 해소한 것이라고 말할 수 있다. 물론 그 이전부터 실재하는 것의 본질적인 부분을 이해하는데 너무 편협했던 틀에서 벗어나려는 시도가 많이 있어 왔다. 그러나 사람들은 〈과학의 역사〉를 통해 그렇게 탁월하게 확증되었던 물질, 공간, 시간, 인과율 같은 근본개념이 잘못된 것일 수도 있음을 알지 못했다. 현대 기술과학의 모든 장비를 동원해 수행한 실험적 연구와 그 수학적 해석만이 개념들에 대한 비판적 분석의 기초를 마련했으며, 〔혹은 비판적 분석을 하도록 강요되었다고 말할 수 있다] 결국 그 편협한 틀을 깰 수 있었다.

과거의 개념들의 해소는 두 가지 상이한 출발점에서 수행되었다. 하나는 상대성이론과 관련하여 이루어졌는데, 시간-공간과 같은 근본이 되는 개념은 새로운 경험에 근거하여 변경 가능한, 아니 변경되어야 한다는 사실을 발견했다. 이러한 변경은 불확실한 일상언어의 시간-공간 개념만을 문제 삼는 게 아니라, 사람들이 최종적인 것이라고 받아들였던 뉴턴역학의 언어체계 내에서 좀더 정확히 공식화하는 데에도 관계하고 있었다. 다른 하나는 원자구조에 대한 실험결과 강요되었던 물질개념의 논구였다. 물질이 실재한다는 관념은 19세기의 개념구조에서 가장 확고한 것이었다. 이 관념은 이제 새로운 경험에 의해 수정되어야만 했다. 일상언어에 속해 있던 개념은 여전히 언급되지 않은 채로 있었다. 원자의 탐구나 그 결과를 설명하는 문제에 관한 한, '물질', '사실' 혹은 '실재'를 말하는 것은 그리 어렵지 않다. 그러나 이런 개념을 물질의 최소입자에 적용하는 일은 고전물리학자들이 생각했던 것처럼 그렇게 간단하지가 않다. 바로 이 단순한 표상이 물질에 관한 보편적 관점을 규정했다.

새로운 결과는 물리학적 개념을 다른 영역에 강제적으로 적용하는데 대한 진지한 경고를 담고 있다. 예를 들어 고전물리학 개념을 무비판적으로 화학에 적용함은 오류였다. 그러므로 오늘날 사람들은 물리학의 개념, 혹은 양자론의 개념은 생물학이나 과학의 다른 분야에 확실히 적용될 수 있다는 생각을 덜 가지게 될 것이다. 반대로 사람들은 낡은 개념이 현상을 이해하는데 아주 유용했던 그런 과학 분야에 있어서조차도 새로운 개념으로 들어가는 문을 열어놓고자 한다. 특히 낡은 개념의 사용이 다소 강제적이거나 완전히 적절치 못한 것으로 보이는 곳에서 성급한 단순화를 범하지 않으려고 노력할 것이다.

나아가서 현대물리학의 발전과 분석은 매우 부정확하게 규정될지도 모르는 일상언어 개념은 우리에게 제한된 집단의 현상에서 유도되는 하나의 이상화로써 학술언어의 정확한 개념에 비해 지식을 확대함에 있어서 보다 견고한 것으로 보일 지도 모른다는 극히 중요한 개념을 주었다. 이는 필경 놀라운 사실은 아니다. 왜냐하면 〈일상언어 개념〉은 세계와의 직접적인 결합으로 구성되어 있고, 실재를 묘사하기 때문이다. 이들은 적확하게 규정되어 있지 않아서, 수백 년의 시간이 흐르면서 실재 그 자체의 변화와 마찬가지로 부단한 변화를 겪게 되지만, 실재와의 결합은 아주 견고하여, 결코 분리되지 않는다. 반면에 과학개념은 이상화인 바, 세련된 실험적 보조수단을 이용한 경험에서 유도되고, 공리나 정의로써 엄밀하게 규정된다. 오로지 엄밀한 정의에 근거해서만 개념을 수학공식과 연결하는 것이 가능하고, 무수한 현상의 다양성을 수학적으로 유도해낼 수 있다. 이러한 이상화 혹은 엄밀한 정의로 인해, 실재와의 결합은 상실한다. 그래서 이 개념은 항상 연구의 대상이었던 '부분적 실재'와 아주 잘 들어맞는다. 그러나 다른 현상집단에 대해서는 일치점을 상실한다.

〈일상언어 개념〉의 본질적인 안정성을 과학발전의 과정 속에서 생각해 보면, 현대물리학의 경험의 토대 위에서 정신, 인간 영혼, 삶, 혹은 신이라는 보편개념에 대한 우리들의 태도는 19세기의 그것과 달라야 함을 알 수 있다. 왜냐하면 이 개념은 이미 자연언어에 속해 있고, 그러므로 실재와 직접적으로 연계되어 있기 때문이다. 그럼에도 불구하고 우리는 이 개념은 과학적인 의미에서 정확히 규정될 수 없으며, 이를 적용하는데 가끔 내적 모순을 가져온다는 사실을 분명히 해야 한다. 하지만 우리는 이것이 실재와 맞닿아 있음을 알고 있기에, 일정기간 동안 또한 이 개념을 분석하지 않고, 엄밀한 정의를 내리지 않은 채 있는 그대로 받아들여야 한다. 이와 관련하여 가장 엄밀한 과학, 말하자면 수학에서조차도 내적 모순을 가지고 있는 개념의 활용은 불가피하지 않느냐는 생각을 해볼 수 있다. 예를 들어 수학에서 '무한개념' 은 모순이라는 사실은 잘 알려져 있다. 그렇지만 이 〈무한개념〉 없이 수학을 논하는 것은 전혀 불가능할 것이다.

19세기 인간 사고의 일반적 경향은 과학적 방법, 그리고 정확하고 합리적인 개념에 대한 신뢰로 귀결되었다. 이는 동시에 과학적 사고의 완결된 체계에 부합하지 않는 일상언어 개념에 대한 회의와 연결되어 있었다. 현대물리학은 여러 방면에서 이런 회의를 부추겼다. 그러나 현대물리학은 동시에 과학개념의 과대평가 - 다시 말해 과학의 진보에 대해 지나치게 낙관적이거나 지나치게 회의적인 견해에 대한 경고를 잊지 않았다. 정확한 과학개념에 대한 회의는 합리적 사고를 적용함에 있어 넘을 수 없는 한계가 있어야 한다는 의미가 아니라, 반대로 어떤 의미에서 인간의 이해능력은 무한하다고 말할 수 있음을 의미한다. 그러나 현존하는 과학개념은 실재의 매우 제한된 부분과 일치할 뿐이고, 아직까지 이해하지 못한 부분은 여전히 무한한 것으로 남아 있다. 우리는 기지(旣知)의 것으로부터 미지의 것을 이해하려는 희망을 가지고 있다. 그러나 그러기에 앞서 우리는 〈이해한다〉라는 말의 새로운 의미를 배워야 할 지도 모른다. 실재하는 것을 접하기 위해서는 모든 '이해' 는 결국 일상언어로 근거해 있어야 함을 알고 있다. 그래서 우리는 일상언어와 일상언어에로 구성되어 있는 본질적인 개념에 대한 모든 회의적인 생각을 회의해야 한다. 그러므로 우리는 이 개념들을 지금까지 사용한 대로 그냥 활용해야 한다. 이러한 토대 위에서 현대물리학은 인간의 정신과 실재 간의 관계에 대한 새로운 지평으로 가는 문을 열었다.

현대 자연과학은 유럽의 문화와 판이하게 다른 세계의 모든 지역에 침투해 있다. 거기서 새로운 자연과학적, 기술적 활동의 시작은 유럽에서보다 더욱 강력한 충격일 수밖에 없었다. 왜냐하면 유럽에서는 인간들의 생활환경이 수세기에 걸쳐 서서히 완성된 반면에, 다른 지역에서는 수십 년 사이에 일어났기 때문이다. 각 나라에서의 이런 활동은 모든 인간의 운명의 근거가 되는 정서적 균형을 파괴하는 무모하고 야만적인 전통의 파괴를 감수해야만 한다. 그러나 이런 사태에서 현대물리학의 개방성이 낡은 전통을 새로운 사고 경향과 일치시키는데 도움이 될 지도 모른다. 예를 들어 전후 일본에서 성취한 이론물리학의 학문적 기여는 동양의 전통적, 철학적 관념과 양자론의 철학적 본질 간의 어떤 관계에 대한 징표로 볼 수 있다. 금세기 초반 유럽에서 풍미했던 나이브 naive한 유물론적 사고방식에 물들지 않았다면, 물론 우리는 양자론적 실재개념에 익숙해질 수도 있다.

이런 견해를 문화적 전승이 기술진보와 충돌해서 생기는 손실에 대한 과소평가라고 오해해서는 안 된다. 그러나 이 전반적인 발전이 이미 오랫동안 인간의 통제를 벗어나 있기 때문에, 우리는 이를 이 시대의 본질적 특징이라고 인정해야 하며, 가능한 한 옛날의 문화적, 종교적 전통이 추구했던 목적인 인간적 가치와 연결짓도록 노력해야 한다.

여기에 하시디즘의 chassidischen 〔경건주의적 경향을 가진 유대교의 한 종파〕 이야기를 짤막하게 인용하고 싶다. 총명하기로 이

름난 한 랍비 Rabbi가 있었다. 많은 사람들이 그의 한 말씀을 들으러 모여들었다. 한 사람이 자기 주변에서 일어나는 모든 변화에 대해 자포자기 상태에서 그를 방문해서 소위 '기술진보' 때문에 손해본 것을 하소연했다.

"삶의 실제 가치를 생각하면, 이 모든 잡동사니 기술이 완전히 무의미하지 않습니까?"라고 말했다. "인간은 신이 창조한 것 빼고는 모든 것을 배울 수 있다. 인간이 만들어놓은 것도 전부 배울 수 있다."라고 랍비는 대답했다. 그러자 이 사나이는 의심스럽다는 듯이 물었다. "철도를 보고 우리는 무엇을 배울 수 있습니까?" "한순간 때문에 모든 것을 지체할 수 있다는 것을 가르쳐 줍니까?" "전보로는 또 무엇을 배웁니까?" "한 자 한 자 세고, 일일이 계산하는 걸 배웁니까?" "그리고 전화는…" "여기서 말하는 것을 저기서 듣는다는 것을 가르쳐 줍니까?" 사나이는 랍비가 생각했던 바를 이해하고 자기의 길을 갔다 〔인용은 마르틴 부버 Martin Buber, Die Erzählungen der Chassidim, Manesse-Verlag, Zürich, 1949〕.

결과적으로 현대 자연과학은 현대 세계의 많은 영역에 침투해 있다. 여기서 지난 몇 십 년 동안 새로운 신조 Glaubensätze가 새롭고, 강력한 사회에 대한 기초로 형성되었다. 현대과학은 19세기 유럽의 철학사상〔헤겔과 막스〕로 회귀하는 이런 새로운 신조의 내용에 대해서 뿐만 아니라, 다른 견해와 타협할 줄 모르는 독단적인 신념에 대해서도 반대했다. 왜냐하면 현대물리학은 그 실천적인 적용으로 인해 이런 나라들에서도 역시 중요한 역할을 하기 때문에, 현대물리학과 그 철학적 의미를 구체적으로 이해했던 사람들에게서도 새로운 신조와의 밀착은 불가피했다. 그래서 자연과학과 새로운 정치적 교리 간의 정신적 교류로 풍요한 미래를 가져다 줄지도 모른다. 물론 우리는 과학의 영향력을 과대평가해서는 안 된다. 그러나 현대 자연과학의 개방성에 대한 새로운 신조는 그전에 우리가 생각했던 것만큼 공동체의 삶을 위해 그리 중요하지 않다는 사실을 많은 사람들이 쉽게 통찰할 수 있을지도 모른다. 이리하여 현대과학의 영향력은 인내심 있는 태도를 갖도록 효과를 발휘하고, 그래서 가치 있는 것이다.

반면에 맹목적이고 무조건적인 신념은 19세기의 철학적 세계관으로 진지하게 받아들여졌다. 대두분의 사람들은 어떤 사상이나 신조의 타당성에 관해 근거 있는 생각을 가질 수 없다는 사실을 간과할 수 없다. 그래서 이 대다수의 사람들에게 '신념' 이라는 말은 결코 '어떤 것의 진리를 안다' 는 의미가 아니라, '삶의 토대를 세우는 무엇' 으로 파악될 뿐이다. 이 두 번째 의미의 신념이 첫 번째보다 훨씬 더 견고하다는 것을 쉽게 알 수 있다. 신념 그 자체는 구체적으로 모순되는 경험에 대해서도 견고하며, 그래서 보충되는 지식으로 흔들리지 않는다. 우리는 이 두 번째 종류의 신념은 자가당착에 빠질 때까지는 계속 유지될 수 있으며, 광신자의 죽음으로서만 그 〈종말〉이 온다는 사실을 지난 수십 년간의 역사에서 배웠다. 과학과 역사는 이런 신념이 모두를 멸망시킬 엄청난 위험이 될 수 있음을 가르쳐준다. 그러나 사람들이 어떻게 이런 신념으로부터 벗어날 수 있을까를 보지 못하기 때문에 이런 가르침은 아무런 도움이 되지 못한다. 그래서 이 믿음은 인간 역사를 통틀어 항상 가장 강력한 힘을 발휘해 왔다. 우리는 19세기 과학적 전통으로부터 신념은 모든 주장의 합리적인 분석과 심사숙고를 통해 검증되어야 하고, 여기서 참으로 진리인 것 혹은 진리로 보이는 것은 독창적인 사상도 없이 간단히 삶의 토대에 수용되는 그런 류의 신면은 전혀 나타나지 않을 거라는 희망을 가져볼 수 있다.

순수 합리적인 주장에 근거한 심사숙고는 새로운 〈소여(所與)〉에 적합하도록 함으로써 오류와 위험으로부터 우리를 지켜줄 수 있으며, 이는 어쩌면 삶의 필연적 전제조건일 지도 모른다는 사실은 자못 타당하다. 하지만 현대물리학에서 경험한 바를 생각해 보면, 그것은 언제나 숙고와 결단 간의 〈원칙적 상보성〉이 있어야 한다는 사실을 쉽게 알 수 있다. 실제 삶에서 우리가 내리는 결단이 어떤 문제에 대해 일일이 가부 간의 결단으로 이루어질 수는 없다. 그래서 사람들은 항상 불충분한 지식에 근거해서 행동한다. 결단은 결코 숙고했거나, 또 다른 고려를 첨가할 수 있는 모든 주장을 배제하고, 다른 모든 고려사항을 차단함으로써 이루어질 것이다. 결단은 심사숙고의 결과일 지도 모른다. 그러나 결단이 이루어지면 동시에 이를 종결지우고 배제한다. 아무리 중요한 인생의 결단일지라도 항상 이 불가피한 불합리의 요소를 포함하고 있다. 우리의 행위를 선도하고, 의지할 수 있는 하나의 근본법칙 같은 무엇이 있어야 하기에 결단은 필연적이다. 확고한 소신이 없는 행위는 그 힘을 상실한다. 그래서 참으로 진리인 것, 진리로 보이는 것, 혹은 이 두 가지의 혼합이 우리의 삶의 토대를 형성한다는 사실은 불합리하지만 이미 인간의 삶의 한 요소이다. 그러므로 우리는 이 사실을 한편으로는 무엇보다도 윤리적 태도에 따라 어떤 공동체의 삶이 토대를 평가하는 출발점으로 삼아야 하고, 다른 한편으로는 우리와는 다른 어떤 공동체의 삶의 토대를 배려할 준비를 해야 한다.

우리 시대의 다양한 영역에 현대과학이 침투해 있다는 관념으로부터 어떤 결론을 내리고자 한다면, 현대물리학은 현세계의 통일과 개방화를 목표로 하는 보편적 역사과정의 매우 특징적인 한 부분이라고 규정할 수 있다. 이 과정은 이 시대의 커다란 위험으로 상조하는 저 문화적-정치적 긴장을 줄여줄 지도 모른다. 그러나 이는 정반대 방향으로 작용하는 또 다른 과정을 동반한다. 즉 각 민족들이 통일의 과정을 자각하고 있기 때문에, 자기들의 문화공동체의 전통적 가치가 궁극적으로 통합된 세계에서 보다 많은 영향력을 가지도록 하는 경쟁을 유발한다. 이리하여 다시 긴장이 싹트고, 통일과 개방화로의 그리고 그 반대 방향으로의 경쟁적인 과정은 매우 밀접하게 연결되어 있어서, 통일과정의 강화[예를 들어 새로운 기술진보] 역시 이내 통합 후의 영향력 경쟁을 강화하고, 그로 인해 불안을 조성한다. 현대물리학은 세계통합의 이 위험한 과정에서 단지 부수적인 역할만 한다.

그러나 현대물리학은 인류의 평화로운 발전을 성취하는데 도움을 줄 수 있는 두 가지 결정적인 요소를 갖고 있다. 첫째로 현대물리학은 이러한 민족집단, 정치집단들 간의 무모한 경쟁과정에서 무기를 사용하면, 최악의 결과를 초래한다는 사실을 가르쳐주고, 둘째로 이는 다양한 사상의 개방으로 통합된 세계에서도 서로 다른 문화적 전통 그리고 새로운 것과 낡은 것은 항상 공존할 것이며, 사고와 행동의 새로운 균형상태를 이루어내기 위해 인류가 함께 노력할 수 있다는 희망을 일깨워 줄 수 있다.

색 인